처음 위스키
FIRST
WHISKY

처음 위스키

CROSSROAD LAB **지음** 신찬 **옮김**

초판 1쇄 발행일 2024년 7월 30일 **초판 2쇄 발행일** 2024년 9월 20일

펴낸이 이숙진 **펴낸곳** (주)크레용하우스 **출판등록** 제1998-000024호

주소 서울 광진구 천호대로 709-9 **전화** (02)3436-1711 **팩스** (02)3436-1410

인스타그램 @bizn_books **이메일** crayon@crayonhouse.co.kr

WHISKEY WO SHUMI NI SURU -
NINKI YOUTUBER GA OSHIERU WHISKEY NO TANOSHIMI KATA - by CROSSROAD LAB
Copyright © 2021 CROSSROAD LAB
All rights reserved.
Original Japanese edition published by Mynavi Publishing Corporation.
This Korean edition is published by arrangement with Mynavi Publishing Corporation, Tokyo
in care of Tuttle-Mori Agency, Inc., Tokyo, through BC Agency, Seoul.

이 책의 한국어판 저작권은 BC에이전시를 통해 저작권자와 독점 계약을 맺은 크레용하우스에 있습니다.
저작권법에 의해 한국 내에서 보호를 받는 저작물이므로 무단 전재와 무단 복제를 금합니다.

Original Edition Staff
Design: TYPEFACE(Watanabe Tamihito, Simizu Mariko)
Illustration: Uchiyama Hirotaka
Edit: BABOON Co., Ltd.

* 빚은책들은 재미와 가치가 공존하는 ㈜크레용하우스의 도서 브랜드입니다.
* KC마크는 이 제품이 공통안전기준에 적합하였음을 의미합니다.

ISBN 979-11-7121-069-5 04590

처음 위스키

FIRST
WHISKY

일본에서 가장 유명한
위스키 전문 크리에이터

CROSSROAD LAB 지음

빚은
책들

제가 바를 개업한 2000년 당시는 세계적으로 위스키 침체기였습니다. 수많은 증류소가 생산을 중단하거나 생산량을 줄이는 등 위스키 업계는 그야말로 모든 것이 얼어붙은 겨울이었습니다. 위스키를 좋아하는 사람이 얻을 수 있는 정보도 부족했고 함께 정보를 공유하며 즐길 사람을 찾기도 힘들었습니다. 혼자 남몰래 즐기는 취미에 불과했습니다.

그런데 지금은 위스키가 세계적으로 각광받고 있습니다. 위스키의 발상지인 스코틀랜드와 아일랜드뿐 아니라 버번위스키로 유명한 미국도 오랜 침체기에서 벗어나 위스키 판매량이 늘었습니다. 일본에서는 2008년경부터 하이볼이 유행하면서 위스키가 주목받기 시작했습니다. 그 후 일본 위스키의 아버지로 불리는, 니카 위스키의 창업자 타케츠루 마사타카의 일대기를 그린 드라마 〈맛상〉이 크게 인기를 끌면서 위스키 애호가가 급격히 늘었습니다.

갑작스러운 상황에 대응하지 못한 각국 제조사들은 원주 부족 상황에 빠졌고 이를 타개하기 위해 생산량을 늘리는 한편 신규 증류소 건설에도 박차를 가하고 있어 위스키의 인기를 한층 더 실감하게 합니다.

인터넷의 보급으로 손쉽게 정보를 검색하고 수집할 수 있는 시대가 되고, 하이볼이 유행하면서 위스키를 취미로 삼아 보다 본격적으로 즐기려는 사람이 크게 늘었습니다.

이미 위스키를 즐기는 분이든 이제부터 위스키를 즐기려는 분이든, 자신이 마시는 위스키가 어떤 술인지 최소한의 지식을 갖추고 마신다면 더욱더 즐겁게 위스키를 즐길 수 있지 않을까 합니다.

이 책에서는 제 유튜브 채널 'CROSSROAD LAB'에서 언급한 내용을 중심으로 위스키를 한층 더 즐겁게 즐기는 방법을 알려드리고자 합니다. 본문에 나오는 QR코드를 통해 제 유튜브 채널로 접속하실 수 있습니다.

과연 위스키란 어떤 술인지 함께 알아보실까요?

CROSSROAD LAB 마스터

"입안에서 불꽃놀이를 해요."

제가 처음 싱글 몰트위스키를 마시고 충격에 빠져 내뱉은 말인데, 아직도 그 기억이 생생합니다.

당시에는 술을 마시면 주로 2차 내지는 3차로 바에서 간단히 맥주를 마시거나 칵테일로 마무리하고 집에 돌아가곤 했습니다. 그런데 그날따라 1차부터 바에서 마셨습니다. 멀쩡한 상태에서 바에 앉아 바텐더와 마주하고 있으려니 다소 당혹스러웠습니다. 맥주나 칵테일로는 취할 것 같지 않아 "독한 술 한 잔 권해주세요"라고 어색하게 입을 열었죠. 이 한마디가 저를 위스키 애호가로 이끌었습니다.

"싱글 몰트위스키고, 캐스크 스트렝스입니다."

바텐더는 무슨 생각으로 이런 술을 권한 걸까요? 당시에는 이른바 '양주'를 별로 좋아하지 않았습니다. 술은 자고로 맥주처럼 '꿀떡꿀떡' 넘어가거나 소주처럼 "캬아!" 하고 소리를 내며 정신이 번쩍 들어야 제맛이라고 생각했습니다. 양주는 뭔가 미끈미끈하면서 화장품 냄새가 난다는 선입관이 있어 마실 일이 없었죠. 바텐더는 처음에는 흔한 블렌디드위스키에 얼음을 담은 온 더 록 잔을 함께 권했습니다. 역시나 별 감흥이 없었습니다. 지금 생각하면 이런 제 모습에 바텐더의 오기가 발동한 것 같습니다.

바텐더가 유독 예쁜 잔에 조심스레 담아 내민 술을 받아 향을 맡으며 한 모금 넘기는 순간, 입안이 밤하늘처럼 넓게 퍼지면서 펑펑하고 불꽃놀이가 시작되었습니다. 숨을 내쉬자 불꽃이 콧속으로까지 번지더니 한참 동안 코가 시큰거렸고, 마지막에는 눈물까지 찔끔 났습니다. '이게 뭐지?!' 양주가 '위스키'로 호칭이 바뀌는 순간이었습니다.

이후 모임에 가입하고 시음회를 다니면서 위스키에 흠뻑 빠졌습니다. 요즘에는 위스키 관련 유튜버도 많고 책도 다수 나와 있지만 제가 위스키를 마시던 10여 년 전에는 정보를 구하기가 너무 힘들었습니다. 이 책은 일본의 유명 위스키 유튜버가 이른바 '위알못(위스키를 알지 못하는 사람)'이 갖춰야 할 기본 지식을 안내하고 있습니다. 무엇보다 각 보틀을 설명할 때 제조사의 안내 문구에 있을 법한 뻔한 표현이 아니라 유튜브 시청자의 목소리와 경험이 풍부한 작가가 직접 맛보고 느낀 점을 소개해서 초보자가 위스키를 선택하고 입문할 때 큰 도움이 되리라 생각합니다. 다만 글만으로는 그 맛을 상상하기는 힘들기 때문에 직접 마셔봐야 작가의 말에 고개를 끄덕일 수 있을 겁니다.

덧붙이면 위스키 애호가이자 번역가인 입장에서 위스키 관련 명칭을 어떻게 번역할 것인가를 많이 고민했습니다. 예를 들어 아드벡의 'Uigeadail'은 수입사가 제품명 한글 표기를 '유거다일'로 했습니다. 하지만 애호가 사이에서는 '우가달'이 일반적이며 해외 유튜버들의 발음을 들어보면 '우가달', '우기달', '우디달', '우거다일', '우데일' 등 다양했습니다. 일본식 발음은 '우가다루'죠. 스코틀랜드의 증류소나 제품 명칭 등에는 게일어가 많이 쓰여서 영문 외래어 표기법과는 맞지 않는 경우가 있습니다. 또한 일본어의 한글 표기법도 'ㅋ, ㅌ, ㅍ, ㅊ' 등 거센소리가 어두에 올 때는 'ㄱ, ㄷ, ㅂ, ㅈ' 등 예사소리로 표기해야 하나 위스키 애호가들 사이에서 이미 널리 쓰이고 있는 제품명이 있습니다. 예를 들어 '知多'는 표기법상 '지타'가 맞지만 수입사는 '치타'라고 표기하고 애호가들 사이에서도, 일반적으로도 '치타'라고 표기합니다. '竹鶴', '秩父' 또한 '다케쓰루', '지치부'이지만 '타케츠루', '치치부'가 더 널리 쓰입니다. 이런 점을 고려해서 이 책에서는 위스키 애호가 사이에서 일반적으로 사용하는 표기를 우선시했습니다.

그리고 책 속에 위스키 가격 등의 정보가 소개되기도 하는데 위스키 가격은 사실상 시가 (?)이기도 하고 한국과 일본 상황이 매우 다르기 때문에 원화로 표기하는 것은 무의미하다 고 판단하여 엔화로 그대로 표기했습니다.

매우 송구하지만 이런 점은 양해해 읽어주시기를 바랍니다.

신찬

YouTube 채널

(크로스로드 랩)

https://www.youtube.com/c/CROSSROADLAB

2016년 6월에 YouTube 채널을 개설한 뒤 다양한 장르의 동영상을 업로드했으나 2019년 1월부터 세계적인 위스키 붐에 힘입어, 20년 이상의 음식점 경영과 현장 경험 지식을 살린 위스키 전문 채널로 노선을 변경했다.

2024년 현재, 'CROSSROAD LAB'은 위스키 장르에서는 일본 최대의 구독자 수를 자랑하는 채널로 성장했다. 세컨드 채널을 포함해 2개의 채널과 라이브 방송 등으로 위스키 정보를 활발히 제공하고 있다.

2020년에 업로드된 '[초보자용] 위스키에 관심있다면 처음에 볼 영상 (기본지식 완전 인스톨) 2020년판'에는 한국어 자막이 있어 초심자도 쉽게 위스키를 배울 수 있다.

차례

Part 1 위스키 기초 지식

Part 2 집에서 즐기는 위스키

Part 3 세계의 위스키

Part 4 궁금한 위스키 이야기

Part 5 마셔보고 싶은 위스키, 비교해보고 싶은 위스키

※ 참고문헌

즈치야 마모루, 《완전판 싱글몰트 스카치 대전》, 소학관

이안 벅스턴, 《전설로 불리는 최고의 위스키 101》, WAVE출판

잉바르 론드, 《몰트 위스키 연감 2021》, MagDig미디어

※ 일러두기

– 이 책에 수록된 정보는 2021년 11월 말을 기준으로 합니다.

– 본문의 QR코드로 해당 유튜브 페이지에 접속할 수 있으며, 유튜브 동영상과 게재한 내용은 다를 수 있습니다.

– 테이스팅 관련 설명은 개인의 감상입니다.

– 본문 중에는 ©, ™, ® 등을 표기하지 않았습니다.

– 이 책에 의해서 발생한 어떠한 손해에 대해서도 저자 및 출판사는 책임지지 않으므로, 미리 양해 바랍니다.

– 각종 용어는 국립국어원 외래어표기법에 따르되 일부는 위스키 애호가들의 관용적인 표기에 따랐습니다.

Part 1

위스키
기초 지식

하나부터 차근차근!
오늘부터 시작하는 위스키

알코올 도수가 높은 위스키

위스키에 관심이 생겼는데 어떤 종류부터 마시면 좋을지 몰라서 망설인다면, 먼저 최소한의 전문용어를 익혀두자.

일반적으로 위스키는 '**곡물을 원료로 만든 증류주**'이며 나무통에 넣어 수년간의 숙성 과정을 거친다. 보통 2~3회 증류하기 때문에 일반적으로 알코올 도수가 40% 이상으로 높고 60%가 넘는 제품도 있다.

대량생산이 어려운 몰트위스키

위스키의 원료는 **보리맥아, 옥수수, 호밀, 밀** 등의 곡물이다. 보리맥아란 '발아한 보리를 말린 것(엿기름)'을 말하며 몰트(malt)라고 부른다.

이 몰트를 원료로 당화 및 발효를 거친 다음 큰 주전자 모양의 단식 증류기(pot still)로 2~3회 증류하여 알코올 도수를 높인다.

단식 증류기로 증류하는 몰트위스키는 대량생산이 불가능하지만 그 개성을 인정받아 현재 세계적으로 큰 인기를 끌고 있다.

몰트 이외의 곡물을 이용해 기둥처럼 생긴 연속식 증류기(column still, continuous still)로 만드는 위스키도 있는데 이를 그레인위스키(grain whiskey)라고 한다. 몰트위스키에 비해 대량생산에 유리하며 가격도 비교적 저렴하다.

최소한의 용어만 기억하면 내용을 쉽게 이해할 수 있습니다.

위스키는 보리맥아 등을 원료로 한 증류주다. 브랜디, 보드카, 진, 럼, 테킬라, 전통 소주 등도 증류주에 속한다. 사케나 맥주, 와인은 양조주로 증류 과정을 거치지 않는다.

보리맥아(몰트)

발아한 몰트의 효소가 당화(mashing)를 진행시키고 알코올발효가 일어난다.

옥수수·밀·보리·호밀·기타

다른 곡물을 원료로 사용할 때도 당화 과정에서는 보리맥아(몰트)를 사용한다.

몰트위스키

발아한 보리인 몰트를 단식 증류기로 증류한 위스키. 증류소의 개성을 표현하기 쉽고 소량생산하여 상품성을 높인 고가 제품도 있다.

단식 증류기는 증류소마다 모양이 제각기여서 그에 따라 주질(酒質)도 다양해진다.

그레인위스키

일반적으로 몰트 이외의 곡물로 제조한 위스키. 다 그렇지는 않지만 개성 표현이 쉽지 않다. 반면 대량생산에 적합하여 저렴한 편이다.

연속식 증류기는 증류를 연속으로 여러 번 반복하는 증류기다. 깔끔하고 투명하며 잡미가 적은 위스키를 만들 수 있다. 몰트를 사용하더라도 연속식 증류기로 증류하면 그레인위스키라고 한다.

그레인위스키와 몰트위스키의 숙성 방식은 같다

스코틀랜드 법에 따르면 3년 이상 숙성시키지 않은 위스키는 스카치라고 부를 수 없다. 몰트위스키뿐 아니라 그레인위스키도 마찬가지다. 증류기에서 갓 나온 위스키 원액을 뜻하는 스피릿(spirit)은 나무통에서 숙성 과정(길게는 80년!)을 거쳐 다양한 향미를 가진 위스키로 거듭난다.

다양한 위스키의 종류

블렌디드위스키
히비키는 블렌디드위스키. 몰트 위스키와 그레인위스키를 혼합하여 만든다.

싱글 몰트위스키
하쿠슈는 하쿠슈 증류소, 야마자키는 야마자키 증류소에서 만든 몰트위스키. 단일 증류소(싱글)에서 제조해서 싱글 몰트위스키다.

싱글 그레인위스키
치타는 치타 증류소에서 만든 그레인위스키로, 단일 증류소에서 제조하므로 싱글 그레인위스키라 부른다.

원료와 블렌드 유무로 위스키 구별

다음으로 위스키의 종류를 알아보자.

먼저 **싱글 몰트위스키**. 여기서 싱글(single)이란 하나의 증류소라는 뜻으로, 하나의 증류소에서 만들어진 보리맥아(몰트)가 원료인 위스키를 말한다. **싱글 그레인위스키**는 하나의 증류소에서 만들어진, 몰트 이외의 곡물을 원료로 한 위스키를 말한다(몰트를 연속식 증류기로 증류하기도 함).

'히비키', '탈리스만' 등으로 대표되는 **블렌디드위스키**는 몰트위스키와 그레인위스키를 혼합한(blended) 위스키다.

싱글그레인위스키는 원재료 표기에 그레인, 몰트라고 적혀 있다.

블렌디드위스키는 원재료 표기에 몰트, 그레인이라고 적혀 있다.

싱글 몰트위스키는 앞면에 SINGLE MALT WHISKY라고 적혀 있다.

＊한글표시사항에는 원재료명에 '위스키 원액 100%'로만 표기된 경우가 많음.

블렌디드 몰트위스키란?

왼쪽은 니카 위스키의 '타케츠루 퓨어 몰트'로, 요이치 증류소와 미야기쿄 증류소의 몰트위스키 원주를 혼합하여 만든 위스키다. 오른쪽 '니카 세션'은 여기에 추가로, 벤네비스 증류소(니카 위스키 소유)의 몰트위스키 원주를 중심으로 여러 스코틀랜드의 몰트위스키 원주를 혼합한 것이다.

니카 위스키의 싱글 몰트위스키들을 사서 섞는다고 해도 '타케츠루 퓨어 몰트'가 되지는 않는다. 증류소에는 매우 다양한 원주가 있으며 이를 독자적인 방식으로 혼합하기 때문이다.

그레인위스키에 몰트가 들어가는 이유는?

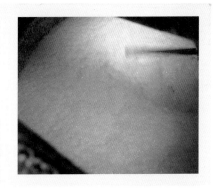

그레인위스키의 원재료 표기에 몰트가 기재되는 이유는 당화·발효 과정에서 몰트가 가진 효소의 힘을 사용하기 때문이다. 몰트의 효소는 곡물의 전분을 당으로 바꾸고 단백질을 아미노산으로 바꾸는 알코올발효의 근원이다.

블렌디드 스카치위스키

(왼쪽부터) 듀어스 화이트라벨, 화이트호스 파인 올드, 시바스 리갈 12년, 시바스 리갈 미즈나라 12년,
커티 삭, 조니워커 블랙라벨 12년, 조니워커 레드라벨, 발렌타인 파이니스트.

입문용 스카치위스키

스카치위스키 중에서 **블렌디드위스키는 몰트
위스키와 그레인위스키를 혼합**한 것으로, 비
교적 합리적인 가격의 제품이 많다. 최근에는
싱글 몰트위스키의 인기가 커지면서 다소 존
재감이 옅어졌지만 위스키 시장 전체를 보면
블렌디드위스키의 판매량이 압도적으로 많다.

보통 블렌디드위스키는 수십 가지 원주를
균형감 있게 혼합하여 누구나 마시기 좋은 맛
을 추구한다. 그래서 위스키에 입문하는 사람
에게는 블렌디드 스카치위스키가 가장 잘 어
울린다고 생각한다.

마트에서 쉽게 찾아볼 수 있는 종류들.
하이볼용으로도 인기다.

싱글몰트 스카치위스키

(왼쪽부터) 글렌모렌지 10년, 글렌피딕 12년, 더 글렌리벳 12년, 맥캘란 12년 셰리 오크,
탈리스커 10년, 보모어 12년, 아드벡 10년, 라프로익 10년.

증류소 수만큼 있는 싱글 몰트위스키

다음으로 싱글몰트 스카치위스키를 알아보자. 싱글 몰트위스키는 하나의 증류소에서 만들어진 몰트위스키를 의미하므로 증류소가 매우 중요하다. 기본적으로 **증류소 개수만큼 싱글 몰트위스키가 존재한다**고 생각해도 된다.

현재 스코틀랜드에는 140개 이상의 증류소가 있으며 하나의 증류소에서 다양한 종류를 내놓는 곳도 있다. 그리고 증류소마다 특유의 개성이 있다.

20쪽에서 소개한 블렌디드위스키들과 비교하면 싱글 몰트위스키는 비교적 가격이 비싸다. **몰트위스키의 원주만을 사용**하기 때문이다. 또한 최근 블렌디드 스카치위스키는 연수 표기가 없는 제품(NAS, Non Age Statement)도 내놓지만 일반적으로 싱글몰트 스카치위스키에는 연수를 표기한다.

기본적으로 **숙성연수가 길면 그만큼 가격은 비싸진다.** 다만 숙성연수가 짧아도 맛이 뛰어난 제품도 많다. 연수 표기는 하나의 기준이라고 생각하면 좋겠다.

스카치위스키의 지역 구분

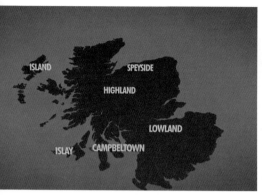

스코틀랜드 본토를 위아래로 나눠 하일랜드 지역과 로우랜드 지역으로 구분한다. 하일랜드 지역에는 스페이강을 따라 많은 증류소가 밀집되어 있다. 작은 항구도시인 캠벨타운 지역, 스카치위스키의 성지라고 불리는 아일러섬에도 여러 증류소가 있으며 그 밖의 여러 섬을 총칭한 아일랜드 지역도 있다.

피트는 식물이 습한 땅에서 오랜 시간에 걸쳐 퇴적된 것. 사진은 피트 채굴장의 모습이다.

지역에 따라 개성이 다른 위스키

스카치위스키의 지역 구분은 왼쪽 위 그림과 같이 하일랜드, 스페이사이드, 로우랜드, 아일러섬, 캠벨타운, 아일랜드로 나눌 수 있다.

21쪽에서 소개한 싱글 몰트위스키는 각 지역의 대표적인 제품이다. '글렌모렌지 10년'은 하일랜드, '글렌피딕 12년', '더 글렌리벳 12년', '맥캘란 12년 셰리 오크'는 스페이사이드를 대표한다. '탈리스커 10년'은 스카이섬에서 만들어지는 아일랜드 지역의 위스키다.

한편 '보모어 12년', '아드벡 10년', '라프로익 10년'은 아일러섬의 위스키다. 아일러섬에서는 일반적으로 보리를 발아시켜 건조할 때 **피트(peat, 이탄)**를 사용한다. 피트는 습한 땅에 식물 등이 퇴적해 진흙처럼 변하여 숯이 된 것이다. 피트를 이용해 건조하면 맥아에 독특한 향이 입혀져 **스모키하고 중독성이 강한 피티드위스키**가 완성된다.

그중에서 라프로익은 강한 개성을 보여준다. '좋아하거나 싫어하거나(Love it or Hate it)'라는 표어가 있을 정도로 극단적인 스모키함과 독특한 맛으로 위스키 애호가들을 매료시킨다. 최근에는 세계적으로도 스모키한 싱글 몰트위스키가 인기 있다.

싱글 몰트위스키, 캐스크를 향한 집착

버번 캐스크   셰리 캐스크

그 외의 캐스크   블렌드

맛의 방향을 결정짓는 캐스크

싱글 몰트위스키에서 캐스크(cask, 숙성통)는 매우 중요하다. 예를 들어 '라프로익 10년'은 미국의 버번 캐스크로 숙성한다. 또 맥캘란은 셰리 캐스크를 주로 사용하는데, **스페인의 주정강화와인(브랜디 등을 첨가해 도수를 높인 와인)인 셰리를 숙성시킨 캐스크**를 가져와 사용한다. '보모어 12년'은 버번 캐스크의 원주와 셰리 캐스크의 원주를 섞어서 만든다.

    싱글 몰트위스키도 일반적으로는 100통 이상의 많은 캐스크의 원주를 혼합하여 만든다. 다만 한정품 등은 적은 수의 캐스크로 하나의 제품을 만들기도 한다. 그 밖에 레드 와인 캐스크나 테킬라 캐스크(2019년 스카치법이 바뀌어 사용 가능), 럼 캐스크, 맥주 캐스크, 소주 캐스크 등을 사용기도 한다. 즉, 스카치위스키의 원주는 다른 술에 사용한 캐스크로 숙성하는 것이 일반적이다. 물론 새 캐스크를 사용하기도 한다.

숙성통의 중요성

위스키는 숙성 중에 조금씩 증발하여 사라진다. 이를 '천사의 몫(Angels' Share)'이라고 한다.

세계적인 위스키 붐으로 셰리 캐스크가 부족한 요즘에는 일반적으로 저품질의 유사 셰리를 사용하여 처음부터 위스키 숙성을 위한 셰리 캐스크를 만든다.

23

아메리칸 위스키

(왼쪽부터) 잭 다니엘, I.W.하퍼 골드 메달, 화끈한 맛의 와일드 터키 8년, 세계에서 가장 많이 팔리는 버번위스키 짐빔, 수작업 버번위스키 메이커스 마크, 얼리 타임즈, 포어 로제스(포 로지스).

옥수수 51% 이상 사용
옥수수 이외에 밀이나 호밀과 같은 다양한 곡물을 사용한다.

원료에 옥수수 다량 함유

아메리칸 위스키는 **미국에서 제조한 위스키**를 말하며 위 사진 속 제품들은 주로 버번위스키다.

다만 잭 다니엘은 **테네시주에서 제조한 테네시 위스키**다. 기본적인 제조법은 버번위스키와 같지만 차콜 멜로잉(charcoal mellowing)이라는 독자적인 필터링 과정을 거친다. 잭 다니엘은 세상에서 가장 많이 팔리는 아메리칸 위스키이기도 하다.

버번위스키는 기본적으로 원재료에 옥수수가 많이 포함된다. **51% 이상의 옥수수 사용이 필수**이며 나머지는 호밀, 밀, 보리 등의 곡물을 사용한다.

그래서 증류소나 각 제품에 따라 제조법이 다양하며, 이것이 버번위스키의 맛을 결정하는 중요한 요소로 작용한다.

특별한 숙성 방법

버번위스키는 연수 표기가 없는 제품이 많은데, 미국의 따뜻한 기후가 숙성을 촉진시켜 그다지 숙성연수에 얽매일 필요가 없기 때문이다. 그래서 스카치위스키에 비해 비교적 저렴하다.

또 다른 특징은 숙성할 때 반드시 내부를 태운 새 오크(oak, 참나무) 캐스크를 사용한다는 점이다. 버번위스키의 원재료에도 몰트가 들어가는데 이는 당화·발효 과정에 몰트가 가진 효소의 힘이 필요하기 때문이다. 스카치위스키의 정의에 따르면 버번위스키는 그레인위스키 혹은 블렌디드위스키라고 부를 수 있다.

독특한 달콤함이 버번위스키의 매력

버번위스키와 테네시 위스키 외에 아메리칸 위스키에는 호밀이 주재료인 라이위스키와 밀이 주재료인 휘트위스키, 버번위스키보다 옥수수 함유량을 늘린 콘위스키 등이 있다. 최근에는 스카치위스키처럼 싱글 몰트위스키를 만드는 증류소도 있다.

우선은 24쪽에서 소개한 유명한 아메리칸 위스키, 버번위스키와 테네시 위스키 종류부터 마셔보기를 추천한다.

새 캐스크를 태워서 숙성

일반적으로 스카치위스키는 셰리 캐스크나 버번 캐스크, 와인 캐스크 등 한 번 다른 술을 넣은 숙성통을 사용하지만 버번위스키는 새로 만든 후 내부를 강하게 태운 캐스크를 사용한다. 내부를 강하게 태우는 것을 '차(char)'라고 하며 달콤한 바닐라 같은 향이 입혀진다. 동시에 숯 성분이 위스키의 나쁜 성분을 흡수해준다.

https://luxrowdistillers.com/bourbon-barrel-charring-process/

https://www.npr.org/sections/thesalt/2014/12/29/373787773/as-bourbon-booms-demand-for-barrels-is-overflowing

아이리시 위스키와 캐나디안 위스키

오른쪽은 제임슨. 일본에서는 하이볼로 많이 마신다. 왼쪽은 캐나디안 클럽 블랙라벨. 캐나디안 클럽은 줄여서 CC라고 부르기도 한다.

아일랜드는 증류소 건설 중

아일랜드에서 만들어진 위스키를 아이리시 위스키라고 하는데 최근 매우 인기가 많은 지역이다.

왼쪽 사진의 제임슨은 세계적으로 가장 많이 팔리는 아이리시 위스키 브랜드다. 18세기부터 19세기의 아일랜드에는 밀주 증류소를 포함해 2000개 정도의 증류소가 있었다. 하지만 아이리시 위스키 업계가 여러 가지 일을 겪으면서 줄어 2010년에는 세 곳만 남았다. 그러다가 2010년 이후 세계적인 위스키 붐과 함께 연이어 증류소가 건설되고 있으며 현재는 약 40개소에 달한다.

증가 추세를 보이는 캐나디안 위스키

캐나디안 위스키는 캐나다에서 만들어진 위스키이며 캐나디안 클럽은 일본에서 가장 유명한 캐나디안 블렌디드위스키 브랜드다. 한국에서도 크라운 로얄과 캐나디안 클럽이 잘 알려져 있다. 캐나다도 아일랜드와 마찬가지로 옛날에는 많은 증류소가 있었지만 쇠퇴의 길을 걸었다. 그러나 현재는 수작업(크래프트) 증류소 등이 점차 증가하는 추세다. 캐나디안 위스키는 일반적으로 다른 위스키보다 순하고 가벼운 편이다.

재패니즈 블렌디드위스키

산토리의 블렌디드위스키
(왼쪽부터) 히비키 재패니즈 하모니, 산토리 로얄, 산토리 올드, 스페셜 리저브, 산토리 가쿠빈. 이 중에서 산토리 가쿠빈 이외는 재패니즈 위스키의 정의에 부합한다.

니카 위스키의 블렌디드위스키
(왼쪽부터) 블랙 니카 클리어, 블랙 니카 딥 블렌드, 블랙 니카 리치 블렌드, 블랙 니카 스페셜, 슈퍼 니카, 프롬 더 배럴. 모든 제품은 일본 자사 원주와 해외 원주를 혼합했다.

재패니즈 위스키의 정의

일본 위스키는 지금 매우 인기다. 원주도 부족한 실정이라 28~29쪽에 소개한 위스키 대부분이 좀처럼 사기 어렵다. 재패니즈 위스키는 2021년 4월 1일에 그 개념이 정의되었다. 하지만 이 정의는 **일본양주주조조합의 기준**이다. 그래서 조합에 소속되지 않은 제조사에게는 그다지 의미가 없다. 다만 지금까지 정의가 없었던 점을 생각하면 큰 변화라고 할 수 있다(자세한 내용은 68쪽 참조).

재패니즈 싱글 몰트위스키

(왼쪽부터) 산토리의 야마자키, 야마자키 12년, 하쿠슈, 하쿠슈 12년, 니카 위스키의 싱글몰트 요이치,
싱글몰트 미야기쿄. 모두 각 증류소의 이름을 딴 재패니즈 싱글 몰트위스키다.

유행을 이끄는 야마자키와 하쿠슈

지금의 재패니즈 위스키의 붐은 싱글 몰트위스키가 주도하고 있다.

　단일 증류소에서 만들어진 싱글 몰트위스키에는 증류소의 개성과 추구하는 방향이 반영
된다. 이 중에서 산토리의 야마자키와 하쿠슈 시리즈는 전 세계에서 높은 평가를 받고 있
다. 각각 'NAS(숙성연수 표기 없음)'와 '12년', '18년', '25년'이 출시되었으며 일본에서는 역사
가 깊은 싱글 몰트위스키다.

　니카 위스키는 자사 소유의 각 증류소에서 만드는 요이치와 미야기쿄 시리즈를 출시하
고 있으며 마찬가지로 큰 인기를 끌고 있다.

이치로즈 몰트는 일본 수제 위스키의 선구자

벤처 위스키가 운영하는 치치부 증류소의 이치로즈 몰트는 인기가 매우 많아 입수하기 상
당히 어렵다. 해외 옥션에서 터무니없는 금액으로 내놓는 경우도 볼 수 있다. 2019년에는
이치로즈 몰트의 카드 시리즈 전 54병 세트가 홍콩 옥션에서 719만 2000홍콩달러(한화 약
11억)에 낙찰되었다는 뉴스도 있었다. 참고로 이치로는 치치부 증류소의 창업자이기도 한
아쿠토 이치로의 이름에서 따왔다.

오른쪽은 이치로즈 몰트 앤 그레인. 라벨에 'World Blended Whisky'라고 적혀 있듯이 세계의 다양한 원주와 자사 원주를 블렌딩한 제품이다. 왼쪽은 동 증류소에서 처음으로 연수를 표기한 제품.

수작업 증류소의 제품으로 모두 싱글 몰트위스키. 일본은 숙성연수 규정이 없지만 보통 스코틀랜드처럼 3년 이상 숙성한다.

10년 뒤가 기대되는 재패니즈 위스키

재패니즈 위스키가 세계적인 인기를 끄는 요즘에는 수작업 증류소가 점점 늘고 있다. 위 사진은 신규 증류소나 설비를 새롭게 도입한 증류소의 제품들이다. 이 이외에 현재 착공을 계획 중인 증류소까지 포함하면 일본에 무려 약 100개소 이상(2024년 2월 기준)의 증류소가 있다. 2000년대 초반만 해도 몇 개밖에 없던 일본의 위스키 증류소가 이렇게 많이 늘어났다니 감개무량하다.

10년 후에 이들 증류소의 싱글 몰트위스키를 맛볼 수 있다고 생각하니 매우 기대가 크다. 기본적으로 소량생산하며, 반복적으로 실험하며 상품성을 모색하는 상황이라 가격은 아직 비싼 편이다. 위스키 바 등에서 즐기거나 추첨 판매를 하는 곳도 있으니 공식 홈페이지 등의 정보를 체크해보는 것도 좋겠다.

그 외 나라의 위스키

(왼쪽부터) 인도의 암룻 퓨전, 암룻 피티드. 대만의 카발란 올로로소 셰리 오크, 카발란 솔리스트 버번, 카발란 클래식.

인도와 대만의 싱글 몰트위스키

스코틀랜드, 미국, 일본, 아일랜드, 캐나다 위스키를 세계 5대 위스키라고 하는데 여기서는 그 밖의 나라에서 특히 주목받는 제품을 모아보았다.

먼저 **인도의 암룻**. 사실 **인도는 세계에서 위스키를 가장 많이 소비하는 나라**이며 세계에서 가장 많이 팔리는 위스키도 인도 제품이다. 다만 다른 나라의 기준에 맞지 않는 위스키가 많아 인도 이외에서는 그다지 유통되지 않는다. 그중에서 **암룻은 스카치위스키 제조법에 따른 싱글 몰트위스키**로, 품질이 뛰어나 세계 품평회 등에서도 높은 평가를 받았다.

다음으로 **대만의 카발란 증류소**. 이곳 위스키도 세계적으로 매우 높은 평가를 받고 있으며 수많은 품평회에서 많은 상을 받았다. 더운 지역에서는 위스키 제조가 어렵다고 여겨졌지만 기술의 발전으로 **더운 지역에서도 수준 높은 위스키를 만들 수 있다는 것을 증명한 사례**. 참고로 비교적 기온이 높은 인도와 대만의 싱글 몰트위스키는 숙성이 매우 빨라 단기간에도 고숙성 풍미를 낸다는 강점이 있다.

위스키 마시는 법

일반적으로 바에서 스트레이트를 주문하면 지거(Jigger)로 30mL를 재서 테이스팅 글라스라고 부르는 유리잔에 따라 제공한다. 테이스팅 글라스는 볼 부분에 향이 머물기 때문에 더욱더 맛있게 위스키를 즐길 수 있다.

위스키는 상온에서 스트레이트로 마시는 술

이제 위스키 마시는 법을 알아보자.

먼저 '스트레이트'. 니트(neat)라고도 한다. 사실 **위스키는 스트레이트로 마시도록 만든 술이다.** 의외라고 생각할지 모르겠지만 스코틀랜드와 아일랜드에서는 위스키를 상온에서 스트레이트로 마시는 것이 일반적이다. 온도가 낮으면 달콤한 풍미가 억제되고 쓴맛이 부각될 수 있기 때문이다. 다만 알코올 도수가 높아서 스트레이트로 마시기 힘든 사람도 있을 텐데, 이럴 때는 **물을 첨가해서 마시면 된다.** 독하다고 느끼면 상온의 물을 준비하는 게 좋다. 상온의 물과 위스키를 1:1로 섞어서 마시는 방법을 '트와이스 업'이라고 한다.

꼭 1:1이 아니어도 좋고 물을 조금씩 첨가하면서 자신이 좋아하는 맛을 찾아내도 좋다. **물을 아주 소량만 넣어도 향과 맛이 훨씬 풍성해진다.** 이는 과학적으로도 증명되었다. 알코올의 톡 쏘는 느낌이 거북하다면 물을 첨가해서 튀는 알코올 향을 억제하고 단맛과 과일 풍미를 이끌어낼 수 있다. 위스키는 자신의 취향에 따라 마시면 되지만, 스트레이트로 마실 때는 물이나 탄산수 등 함께 곁들이는 음료를 준비하면 좋다.

위스키의 맛은 점차 익숙해진다

위스키는 처음부터 그 참맛을 잘 느끼기 어렵다. 커피나 맥주, 고추냉이처럼 처음에는 어색하다가도 자꾸 경험하다 보면 점차 그 맛을 알게 된다.

다양한 위스키를 비교 시음할 때는 분량이 중요하다. 지거를 이용하면 편리하다. 일반적으로 30mL가 원샷이다.

하이볼은 너무 많이 저으면 탄산이 빨리 빠진다. 탄산수를 넣은 뒤에는 바스푼 등을 한 번 통과하는 정도면 충분하다. 또 탄산수는 얼음에 닿지 않도록 따르는 것이 좋다.

미즈와리와 하이볼은 1:3이 기본

다음은 '온 더 록'이다. 온 더 록은 유리잔에 얼음을 넣고 위스키를 따르기만 하면 된다. 이 때 가능한 한 크고 투명한 얼음을 사용하면 잘 녹지 않아 급격한 맛의 변화 없이 천천히 즐길 수 있다. 얼음이 든 잔에 위스키를 넣은 후 섞을지 말지는 사람마다 취향이 다르다. 섞으면 위스키의 온도가 단번에 내려가므로, 온도가 서서히 떨어지면서 변화하는 맛의 차이를 즐기고 싶은 사람은 처음부터 너무 많이 섞지 않는 것이 좋다. **지나치게 독하다면 스트레이트로 마실 때처럼 물을 첨가하기도 한다.**

애초에 위스키에 물을 섞어 마시는 '미즈와리'도 있다. 보통 **위스키1:물3을 기준으로 진하게 마실지 연하게 마실지에 따라 위스키의 양을 정한다.** 위스키는 알코올 도수와 맛이 다양해서 정해진 비율은 없으니 자신만의 기준을 만들어두면 좋다.

마지막으로 '하이볼'이다. 하이볼을 만들 때는 먼저 유리잔에 얼음을 넣고 충분히 저으면서 잔이 차가워지기를 기다린다. 잔이 적당히 차가워지면 얼음이 녹은 물은 따라서 버리는 것이 중요하다. 하이볼도 위스키1:탄산수3이 기준이다. **차가워진 잔에 위스키를 따랐다면 탄산수를 붓기 전에 다시 저어서 위스키의 온도를 낮춘다. 이렇게 하면 탄산수를 부었을 때 온도 차가 없어 탄산이 잘 빠지지 않는다.** 그리고 탄산수를 천천히 따른다. 이때는 굳이 저을 필요가 없다. 탄산이 자연스럽게 위스키와 섞이기 때문에 바스푼 등을 잔에 한 번 통과하는 정도로도 충분하다.

위스키를 즐기는 방법

1. 바나 음식점에서 마시기

올드 보틀이나 레어 보틀도 만날 수 있다. 위스키 이야기를 나누며 마시면 맛이 배가 된다.

2. 미니어처로 즐기기

각 제조사는 가정용으로 다양한 크기의 소용량 제품을 출시하고 있다.

3. 계량 판매 서비스 이용하기

일본에서는 계량 판매가 조용히 인기를 끌고 있다. 만나기 어려운 레어 보틀이나 고가의 위스키도 소분해서 살 수 있어 가격 부담이 적다.

4. 동호회에서 즐기기

위스키 친구를 사귀면 더 즐겁게 즐길 수 있다. 동호회에 가입해 시음회 등에 참가해보자. 위스키 전용 SNS나 오픈 채팅을 이용하는 사람도 많다. 이렇게 알게 된 친구들과 정보를 공유하며 위스키를 나눠 마시는 것도 위스키를 즐기는 좋은 방법이다.

경험이 많아지면 미각도 진화

앞서 다양한 위스키를 소개했지만, 모든 위스키를 다 마셔볼 수는 없다. 한 병의 용량이 700~750mL이고 가격 또한 비싸다.

또 스카치위스키는 좋아하지만 버번위스키는 선호하지 않는 사람도 있고, 그 반대의 경우도 있다. 하지만 **여러 종류의 위스키를 실제로 마셔보지 않으면 위스키에 대한 지식을 쌓을 수 없고** 자신의 취향도 찾을 수 없다. 다양한 경험을 쌓다 보면 **미각도 점점 변하기 때문에** 위에 소개한 방법 등으로 다양한 위스키를 접해보기를 추천한다. 처음에는 어색하거나 싫어했던 제품이라도 마시다 보면 새로운 맛을 깨닫게 되어, 좋아하는 제품이 될 수도 있다.

위스키 라벨 읽는 법

맥캘란 셰리 오크 12년

맥캘란은 제품명이자 증류소명. 제품명과 증류소명이 다른 경우도 있다.

스페이사이드 지역의 증류소지만 이 스페이사이드는 하일랜드 내에 있으므로 '하일랜드'로 표기되어 있다.

The MACALLAN
HIGHLAND SINGLE MALT SCOTCH WHISKY
12 YEARS OLD
SHERRY OAK CASK
MATURED EXCLUSIVELY IN HAND-PICKED SHERRY SEASONED OAK CASKS FROM JEREZ, SPAIN, FOR RICHNESS AND COMPLEXITY

최저 숙성연수가 표기되어 있다. 12년 이상 숙성한 원주를 사용했음을 알 수 있다.

숙성할 때 엄선된 스페인의 셰리 캐스크(오크통)를 사용했다는 의미다.

간단한 영어 단어만으로도 위스키 정보를 얻을 수 있다.

Check!
뒷면 라벨
뒷면 라벨을 해석하기 위해서라도 위스키에 관련된 영어 단어를 몇 가지 기억해두면 도움이 된다.

브룩라디 더 클래식 라디

브룩라디 증류소에서 만든 위스키임을 알 수 있다.

영어 SCOTTISH BARLEY 는 스코틀랜드 보리를 사용했다는 뜻이다.

UNPEATED는 피트를 일절 사용하지 않는다는 뜻이니 피트가 거북한 사람은 기억해두자.

증류, 숙성, 병입 과정에서 냉각여과나 착색을 하지 않았다고 적혀 있다.

아드벡 10년

앞뒤 라벨에 정보가 가득하다. 정규 수입품은 뒷면 라벨의 설명이 수입국 언어로 되어 있기도 하다.

라벨은 정보의 보물 상자

라벨을 자세히 살펴보면 상세 정보를 알 수 있다. 최저 숙성연수나 증류소 이름은 물론이고 **만드는 방법에 대한 정보**가 적혀 있기도 한다. 영어를 몰라도 몇 가지 단어만 외우면 라벨에서 정보를 얻을 수 있다. 'UNPEATED'는 'NON PEATED'라고도 표기하며 피트를 사용하지 않았다는 뜻이다. 'CHILL FILTERED'는 냉각여과라는 뜻이므로 'NON CHILL FILTERED', 'UNCHILL FILTERED'라고 표기되어 있으면 냉각여과를 하지 않는다는 뜻이다. 또 'NON COLORING'은 착색하지 않았다는 뜻이다. 라벨에 **제조법 정보가 상세하게 적혀 있는 만큼 증류소의 자부심이 느껴진다.**

정보는 라벨 속에

에반 윌리엄스 12년

101 PROOF

PROOF(프루프)란 미국이나 영국에서 알코올 도수를 나타내는 단위다. 아메리칸 프루프는 0.5배, 브리티시 프루프는 0.571배 하면 알코올 도수에 해당한다. 이미지는 미국 제품이므로 도수로 환산하면 50.5%이다. 또한 버번위스키는 라벨에 반드시 'BOURBON'을 표기해야 한다. 버번위스키가 아닌 아메리칸 위스키도 있기 때문이다.

이치로즈 몰트 앤 그레인

World Blended Whisky

세계의 다양한 원주를 사용했다는 뜻이다. 아래 영문은 '치치부 증류소의 창설자인 아쿠토 이치로가 블렌드한 위스키' 등의 정보가 적혀 있다. Non Chill-Filtered, Non Colored는 냉각여과와 착색을 하지 않았다는 뜻이다.

발렌타인 17년

위스키 특급

등급 표기는 1962년부터 1989년까지 시행된 일본의 독자적인 제도다. 이 제도는 1989년 4월에 폐지되었다. 일본 위스키에 이런 표시가 있으면 1989년 4월 이전에 제조된 제품임을 알 수 있다.

DOUBLE CASK

두 종류(Double)의 캐스크에서 숙성한 원주를 혼합했음을 알 수 있다. 두 개의 캐스크가 아니라 두 종류의 캐스크라는 의미다. 즉, 종류는 두 가지이지만 사용한 캐스크의 수는 그 이상으로 많다.

글렌피딕 18년 스몰 배치 리저브

SMALL BATCH RESERVE

'스몰 배치 리저브'는 소량의 캐스크에서 숙성된 원주를 합친 싱글 몰트위스키라는 뜻으로, 엄선된 캐스크의 원주를 혼합하여 만든 제품이다. 또 리저브는 '내가 직접 간직해두고 마시고 싶을 정도로 아주 좋은 위스키가 만들어졌다'라는 의미라는 설도 있다.

쿠일라 1996~2014

DISTILLED 1996 SEPTEMBER
BOTTLED 2014 SEPTEMBER

1996년 9월에 증류해 2014년 9월 병입했다는 뜻이다. 병에 담은 연도에서 증류한 연도를 빼면 약 18년 동안 캐스크에서 숙성되었음을 알 수 있다. '452 BOTTLES'는 해당 제품이 452병 한정이라는 뜻이다.

병과 패키지의 디자인 변경과
리뉴얼의 수수께끼

(위에서부터) 탈리스커, 글렌피딕, 아란의 리뉴얼 전후 모습. 처음 마시기 시작했을 무렵의 병 디자인은 각별하다. 리뉴얼 전후의 병을 구해 비교 시음하는 것도 즐겁다.

위스키는 가끔 리뉴얼된다. 라벨 또는 병 모양이 바뀌고 맛이 달라지기도 한다. 왜일까?

꾸준히 팔리는 위스키는 많은 캐스크의 원주를 사용하여 맛을 만든다. 특히 대표 제품은 되도록 많은 캐스크의 원주를 사용해야 일정한 맛을 맞추기 쉬워 오랫동안 판매할 수 있다. 만약 사용하던 원주가 부족해지면 새롭게 블렌딩해야 한다. 보통 이럴 때 디자인도 함께 바꾸면서 리뉴얼한다. 디자인이 바뀌지 않아도 블렌드에 사용하는 캐스크는 유한하므로 오랜 세월 동안 조금씩 맛이 바뀌기도 한다.

최근에 숙성연수가 짧은 원주를 많이 사용하게 된 것도 리뉴얼이 잦은 이유 중 하나다. 위스키가 팔리지 않던 시절에는 장기숙성된 원주를 대표 제품에 사용하기도 했지만, 위스키가 세계적으로 인기를 끌면서 장기숙성 원주는 장기숙성 위스키로 상품화하는 편이 훨씬 이득이다. 그래서 리뉴얼을 계기로 블렌드를 변경하여 비용 절감을 꾀하기도 한다.

또한 증류소의 주인이나 증류 책임자가 바뀌면서 블렌드 구성이 달라지기도 한다. 스코틀랜드에서는 역사적으로 여러 번 주인이 바뀐 증류소가 적지 않다. 주인이 바뀌면 증류 설비가 새로 설치되거나 제조 방식을 재검토하면서 맛이 변한다(물론 예외도 있다). 이처럼 제품 리뉴얼에는 다양한 이유가 있다.

Part 2

집에서 즐기는 위스키

다양하게 즐기는 위스키

스트레이트 위스키 고유의 맛을 즐기는 방식

1

지거로 위스키의 양을 잰다.

지거로 30mL를 재서 유리잔에 담는다. 혼자 마
실 때는 적당한 양을 잔에 바로 부어도 되지만
지거가 있으면 술양을 측정할 수 있어 편리하다.

> 30mL = 약 1온스(1샷)

2

첨가용 상온수를 준비한다.

알코올양을 조절하기 위한 상온의 물을 잔에 담
아 준비한다.

조금씩 물을 첨가하며 마시는 재미
물을 한 방울씩 소량으로 첨가하면서 마시면 맛이
달라지는 재미를 즐길 수 있다. 나를 위한 최적의 맛
을 찾아보자.

3

체이서용 물을 준비한다.

체이서(chaser, 높은 도수의 술을 마신 후 곁들
여 마시는 물이나 탄산수 등)와 함께 위스키를 즐
기는 것이 스트레이트를 마시는 좋은 방법이다.

트와이스 업 위스키와 물을 1:1 비율로 섞어 마시는 방식

1

위스키를 따른 후 같은 양의 물을 따른다.

스트레이트처럼 조금씩 물을 더하며 마시는 것도 좋지만 처음부터 트와이스 업으로 마시는 것도 좋다. 필자의 가게에서도 주문하는 분이 많다.

2

체이서용 물을 준비한다.

다른 잔에 체이서용 물을 준비한다. 트와이스 업은 위스키와 같은 양의 물을 섞지만 체이서를 따로 준비하는 것이 좋다. 기본적으로 하이볼, 미즈와리 이외에는 체이서를 준비하는 것을 추천한다(물은 상온수가 일반적).

물을 넣으면 열리는 위스키의 맛

트와이스 업으로 마시면 향이 도드라지고 마시기 쉬워지며 알코올도 희석되어 위스키 본연의 맛을 더욱 잘 느낄 수 있다. 증류소의 전문 블렌더도 시음할 때는 얼음을 넣지 않고 트와이스 업으로 맛을 보는 경우가 많다. 물이 차가우면 위스키의 향이 닫혀버리므로 상온수를 사용한다.

Check!

いいウイスキーはストレートに限る

ウイスキーのおいしい飲み方は人それぞれであり、誤解ではないかもしれません。そこでおいしい飲み方は教えにくいですが、いちばんウイスキーの味のわかる飲み方をお教えしましょう。
ウイスキー1に対して水1、氷は入れません。ブレンダーもウイスキーを口に含む時は、この比率にします。水で薄めると、ストレートの時にはなかった別の香りが立ってくるし、アルコールの刺激が知らいで、味がよくわかるといいます。

요이치 증류소의 안내판. 트와이스 업으로 마시면 위스키 본연의 맛을 즐길 수 있다고 쓰여 있다.

온 더 록 위스키에 얼음을 넣어 마시는 방식

1

얼음을 넣는다.

유리잔에 얼음을 넣는다. 편의점 등에서 구할 수 있는 단단한 얼음이나 큰 덩어리를 넣으면 잘 녹지 않아 좋다. 집에서 손쉽게 투명 얼음을 만드는 방법은 64쪽 참조.

2

위스키를 30mL 따른다.

30mL는 어디까지나 기준량이므로 집에서 즐길 때는 적당한 범위에서 자신이 원하는 양으로 조절해도 상관없다.

3

차갑게 식힌다.

바스푼 등으로 얼음을 회전시켜 위스키 온도를 낮춘다. 아무것도 하지 않고 차가워지면서 서서히 맛이 변하는 과정을 즐기는 것도 좋다.

같은 양의 물을 넣는 하프 록

온 더 록이 독하다면 온 더 록을 만든 후에 위스키와 같은 양의 물을 더하는 '하프 록'을 추천한다.

미즈와리 위스키에 물과 얼음을 넣어 마시는 방식

1

얼음을 넣는다.

유리잔에 얼음을 넣는다. 미즈와리는 300mL 정도의 잔을 사용하면 얼음, 물, 위스키(30mL)의 비율이 적당해져 보기에도 좋다.

2

위스키를 30mL 따른다.

지거로 위스키 30mL를 재서 유리잔에 붓는다. 물과 위스키의 비율이 중요하므로 지거를 이용해 제대로 재는 것이 좋다.

3

위스키와 물을 1:2.5 비율로 넣는다.

위스키 1(30mL)에 물 2.5의 비율이 기준이다. 독하면 위스키 1에 물 3의 비율도 좋다. 물양은 자기 취향대로 자유롭게 조절하자.

$$\text{🍾} : \text{💧} = 1 : 2.5 \sim 3$$

1:2.5 또는 1:3을 추천

물양은 취향에 따라 자유롭게 넣어도 되지만 위스키의 2.5배 정도를 추천한다. 물론 3배로 물을 넣어도 독하면 더 넣어도 상관없다.

하이볼 위스키에 탄산수를 넣어 마시는 방식

1
얼음을 넣은 유리잔에 위스키를 따른다.

하이볼도 미즈와리와 마찬가지로 300mL의 유리잔을 사용하면 완성했을 때 적당한 용량이 된다. 잔에 얼음을 넣고 충분히 저으며 잔을 차갑게 식힌다. 얼음이 녹은 물은 버리고 위스키 30mL를 잔에 붓는다.

2
탄산수를 따른다.

탄산수를 넣기 전에 먼저 저어서 위스키를 차갑게 식힌다. 탄산수가 얼음에 닿으면 탄산이 빠지기 쉬우므로 얼음에 직접 닿지 않도록 그림과 같이 천천히 따르는 것이 중요하다.

3
섞는다.

하이볼은 탄산에 의해 자연스럽게 섞이기 때문에 바스푼 등으로 한 번 정도 저으며 섞거나 섞지 않아도 괜찮다.

마무리로 위스키를 띄워서 완성

특별한 향이 나는 위스키 등을 한 스푼 정도 떨어트려서 포인트를 줄 수 있다. 피트를 좋아하면 라프로익이나 아드벡 제품을 사용해도 좋고 취향에 따라 흑후추나 산초, 꿀을 토핑하기도 한다.

고베 하이볼 일본 고베시에서 탄생한 얼음을 넣지 않는 하이볼

1

차갑게 식힌 유리잔에 차가운 위스키를 따른다.

냉동고에서 얼린 유리잔에 마찬가지로 냉동고에 넣어둔 위스키를 붓는다.

2

차가운 탄산수를 따른다.

차가운 탄산수를 따르면 완성. 얼음이 빨리 녹지 않아서 끝까지 같은 농도로 즐길 수 있다.

고베에서 태어난 진한 하이볼

'고베 하이볼'은 이름 그대로 일본 고베시에서 만들어졌다. 일부러 얼음은 사용하지 않고 차갑게 언 유리잔에 위스키와 탄산수를 따라 마시는 이 방법은 오래전부터 고베 사람들에게 사랑받아왔다.

얼음을 사용하지 않기 때문에 끝까지 진한 위스키 맛을 그대로 즐길 수 있으며, 탄산도 잘 빠지지 않아 청량감도 지속된다. 특히 여름에 위스키를 시원하게 즐기는 방법이다.

마무리로 레몬필이나 오렌지필을 뿌려 향을 가미하여 마시기도 한다.

잘게 부순 얼음을 가득 넣어 즐기는 방식

1

얼음을 잘게 부숴 넣는다.

잘게 부순 얼음을 만든다. 얼음 분쇄기 같은 기구를 사용하거나 아이스픽(얼음송곳) 등으로 쪼개면 된다. 만들어둔 얼음을 그림처럼 잔에 듬뿍 넣는다.

2

위스키를 따른다.

지거로 위스키 30mL를 재서 위에서부터 천천히 따른다. 위스키의 양은 개인 취향이지만 30~45mL 정도가 좋다.

3

섞는다.

바스푼 등으로 2~3회 정도 빙글빙글 돌려서 완성한다. 얼음이 듬뿍 들어 있어 위스키가 금방 차가워진다(섞지 않아도 좋다). 취향에 따라 레몬을 짜거나 민트잎을 올려도 좋다.

마실 때마다 맛이 변한다!
미스트는 온 더 록과 달리 잘게 부순 얼음을 사용하므로 얼음이 잘 녹아 한 모금 마실 때마다 맛이 달라지는 과정이 매력적이다.

위스키 플로트 물과 위스키를 나눠서 즐기는 방식

1

물을 따르고 그 위에 위스키를 띄운다.

얼음을 담은 유리잔에 적당량의 물을 붓고 그 위로 바스푼 등을 이용하여 위스키를 띄우듯이 떨어뜨린다. 섞지 않으므로 마실 때마다 조금씩 맛이 달라지는 과정을 즐길 수 있다.

2층으로 분리된 모습이 아름답다!
두 개 층으로 나누어져서 마실 때마다 맛이 조금씩 변한다. 위스키와 물이 층을 이룬 아름다운 외관을 보는 즐거움도 있다.

핫 위스키 뜨거운 물을 섞어서 즐기는 방식

1

**내열 유리잔에 위스키와
뜨거운 물을 따른다.**

내열 유리잔을 준비하고 위스키 30mL를 따른다. 그 위로 뜨거운 물을 부어 완성한다. 섞을 필요는 없다. 잔에 뜨거운 물을 먼저 붓고 위스키를 따르기도 한다.

집에서도 맛있게 즐기는
하이볼용 위스키 고르는 법

다양한 시도로 알아보는 내 취향

집에서도 부담 없이 하이볼을 즐길 수 있는 스테디셀러 위스키를 소개한다. 여기서 소개하는 위스키를 적당히 골라도 되고 전반적으로 한 번씩 다 마셔보면서 자신의 취향을 알아봐도 좋다.

먼저 스카치위스키 판매량 세계 1위인 **조니워커**. '조니워커 레드라벨'과 '조니워커 블랙라벨'이 하이볼용으로도 매우 인기다. **듀어스**는 하이볼의 기원이라는 설이 있다. 발렌타인은 균형이 잘 잡혀 인기가 많다. 일본에서는 1000~2000엔 정도의 비교적 저렴한 종류가 여럿 있는 것도 매력적이다. **티처스**는 스모키한 블렌디드 스카치위스키로, 일본에서는 가게에 따라 1000엔 이하로 구할 수도 있다. 일본에서 가장 잘 팔리는 스카치위스키는 **화이트호스**이며 이 또한 1000엔을 밑도는 가격에 팔리기도 한다.

스테디셀러부터 도전용 위스키까지

블렌디드 스카치위스키 이외의 제품도 소개하고자 한다.

스테디셀러 중의 스테디셀러가 '**산토리 가쿠빈**'이다. 이 위스키는 하이볼 붐을 일으킨 장본인이다.

'**프롬 더 배럴**'도 큰 인기다. 도수가 높아서 같은 양의 위스키를 써도 탄산의 자극을 그대로 유지한 진한 하이볼을 만들 수 있다. '**니카 세션**'은 몰트위스키의 원주로만 만든 블렌디드 몰트위스키로, 균형이 잘 잡혀 있어 싱글 몰트위스키 입문용으로도 추천한다. '**치타**'는 그레인위스키로 350mL나 미니어처부터 시도해봐도 좋다.

마지막은 버번위스키인 I.W. 하퍼. 일본에서는 오래전부터 이 위스키로 만든 하이볼을 '하퍼 소다'라고 부르며 즐겨 마셨다. 버번위스키 입문에 안성맞춤이다.

필자가 추천하는 하이볼용 위스키 10

조니워커 레드라벨

조니워커 중에서 가장 저렴하지만 오랜 역사와 함께 사랑받아온 제품이다. 최근 하이볼 붐으로 큰 인기를 끌고 있으며 은은한 피트 향의 밸런스도 탁월하다.

듀어스

하이볼의 기원이라고도 불리는 제품. 5종을 하이볼로 비교한 페이지(159쪽)도 참고 바란다. 일본의 경우 저렴할 때는 1000엔대 초반에 구입할 수도 있어 합리적이다.

발렌타인 시리즈

어디서나 팔아서 구하기 쉽고 맛도 균형이 잘 잡혀 있어 인기가 좋다. 저렴한 가격대에도 여러 선택지가 있어 매력적이다. 스카치위스키 판매량 세계 2위를 자랑한다.

티처스 하일랜드 크림

다른 블렌디드 스카치위스키에 비해 피트의 스모키함이 강해 스모키위스키 입문용으로 제격이다. 한 번 빠지면 중독되는 맛이다.

화이트호스 파인 올드

화이트호스의 하이볼 캔 제품을 좋아하는 사람에게 특히 추천한다. 직접 만들면 농도도 자유롭게 조절할 수 있다. 비교 시음한 페이지(158쪽)도 참고 바란다.

산토리 가쿠빈

하이볼 열풍의 주인공이다. 하이볼 하면 이 맛을 떠올리는 사람도 많다. 4L나 5L 등 대용량 제품도 있어 집에서 마시기 좋은 술이다(5L는 레몬 향 첨가).

프롬 더 배럴

인터넷 등에 판매 글이 올라오면 순식간에 팔릴 정도로 인기가 높은 제품이다. 알코올 도수가 높아 마실 때 타격감이 뛰어나다. 소개 페이지(139쪽)도 참고 바란다.

니카 세션

2020년 발매된 니카 위스키의 블렌디드 몰트위스키. 니카 위스키가 소유한 증류소 세 곳의 몰트위스키 원주와 스코틀랜드의 여러 몰트위스키 원주를 혼합한 제품이다.

치타

옥수수 등의 곡물로 만든 치타 증류소의 싱글 그레인위스키. 350mL 하프 보틀이나 180mL 미니어처부터 시도하는 것을 추천한다.

I.W. 하퍼 골드 메달

일본에서는 I.W. 하퍼의 하이볼을 '하퍼 소다'라고 부르며 예전부터 잘 마셨다. 튀지 않고 무난한 맛 때문에 버번위스키 입문용으로 추천하는 사람도 많다.

3000명이 선정한
하이볼에 어울리는 위스키

1위 프롱 더 배럴 [794표]

DATA
51% / 500mL / 니카 위스키

시청자 댓글

- 진한 하이볼이 당길 때 마십니다. 쉽게 구할 수 없는 제품이라 항상 두 병정도 보유하고 있지 않으면 왠지 불안해요.
- 고소하고 달콤한 몰트 향미가 하이볼에서 제대로 느껴져 맛있어요.
- 탄산수를 넣어도 존재감을 잃지 않는 맛. 블렌디드위스키 하이볼을 많이 마셔본 사람이 최종적으로 안착하고 싶은 위스키가 아닐까 생각해요.
- 탄산수를 넣어도 지나치게 맛이 묽지 않아 알코올감과 쓴맛을 제대로 맛볼 수 있어 좋아요.
- 하이볼로서의 완성도는 끝판왕. 하이볼의 정석입니다.

필자 코멘트!
엄청나게 인기 있는 제품. 500mL 보틀로, 700mL 보틀을 기준으로 보면 아주 초저가는 아니다. 그럼에도 1위인 비결은 누구나 인정하는 맛 때문이다.

2위 탈리스커 10년 [714표]

DATA
45.8% / 700mL / 탈리스커 증류소

시청자 댓글

- 스모키함, 스파이시함, 솔티함, 깊은 맛의 균형이 최고입니다. 내가 죽으면 관에 넣어달라고 아내에게 부탁했어요.
- 처음 마셨을 때 충격이 대단했습니다. 유명한 것은 알았지만 반신반의하고 두근거리며 마셨던 순간이 지금도 기억납니다. 매콤한 맛에서 우러나는 진한 단맛과 약간의 짠맛. 하이볼로는 조금 아깝다는 생각도 드네요.
- 피트의 중독성이 너무 좋아요. 하이볼이든 온 더 록이든 계속 마시고 싶어서 몇 병씩 쟁여두고 있습니다.
- 스파이시 앤 스모키의 최고봉.

필자 코멘트!
호불호가 있는 싱글 몰트위스키인데도 2위를 차지했다. 흑후추를 하이볼에 뿌려 마시는 스파이시 하이볼도 인기다. 집에서도 손쉽게 만들 수 있다.

3위 블랙 니카 딥 블렌드 [510표]

시청자 댓글

- 오크통의 느낌과 절제된 피트감이 가격 이상의 가치.
- 니카 증류소에 고맙다고 말하고 싶습니다.
- 가성비 최고! 부담 없이 맛있게 마실 수 있어 홈바에서 빼놓을 수 없습니다!
- 저렴한 가격대에서는 타의 추종을 불허합니다. 데일리 위스키의 원탑입니다.

DATA
45%
700mL
니카 위스키

필자 코멘트!
알코올 도수가 45%로 높기 때문에 진한 맛의 하이볼을 좋아하는 사람에게 추천한다.

5위 조니워커 블랙라벨 12년 [346표]

시청자 댓글

- 스모키하면서 은은한 요오드 향도 느껴집니다. 균형감이 좋아 맛있습니다. 늘 곁에 두고 마시고 싶어요.
- 위스키의 모든 것이 담긴 듯한 맛입니다. 이걸 하이볼로 만들면 최고죠.
- 스모키함의 밸런스가 좋고 입에 남는 쓴 느낌도 좋아요.

DATA
40%
700mL
디아지오

필자 코멘트!
조니워커의 양대 산맥. 말이 필요 없는 스테디셀러 블렌디드 스카치위스키다.

4위 티처스 하일랜드 크림 [354표]

시청자 댓글

- 그 가격이라고 생각되지 않을 정도로 스모키함이 뚜렷해 맛있습니다.
- 가성비 최고. 저렴한 가격임에도 스모키함을 느낄 수 있고 많이 마셔도 부담이 없어요.
- 하이볼로 만들어도 개성이 뚜렷해요. 가성비 최강이고 집에 없으면 불안해서 늘 쟁여둬요.

DATA
40%
700mL
산토리

필자 코멘트!
다양한 원주가 혼합된, 전통을 자랑하는 제품. 매우 저렴한 데다가 스모키해서 맛있다.

6위 듀어스 화이트라벨 [328표]

시청자 댓글

- 질리지 않아요.
- 가성비 최강이며 냉동실에 상비하고 있습니다.
- 하이볼로 마시면 상쾌한 맛이에요. 은은한 스모키향이 매력적이죠. 가성비가 좋아서 즐겨 마시는 보틀 중 하나입니다. 냉동실에 넣어뒀다가 하이볼로 만들어 마시면 너무 행복해요.

DATA
40%
700mL
존 듀어스 앤 선즈

필자 코멘트!
발렌타인이나 시바스 리갈 등의 유명 제품을 누르고 6위. 훌륭하다.

7위 글렌모렌지 오리지널 [268표]

시청자 댓글

- 화려한 향기에 충격을 받은 뒤로 줄곧 애음합니다.
- 상큼한 감귤 향과 화려한 오크통 향이 최고죠.
- 위스키를 좋아하게 된 계기가 된 술입니다. 과일 같은 맛과 술술 넘어가는 편안함에 무심코 과음하고 맙니다.
- 개인적으로 위스키의 늪에 빠지게 된 계기였습니다.

DATA
40%
700mL
글렌모렌지 증류소

> **필자 코멘트!**
> 버번 캐스크를 사용하고 피트하지 않아 스모키한 느낌이 싫은 분들이 좋아한다.

9위 산토리 가쿠빈 [254표]

시청자 댓글

- 스트레이트나 온 더 록은 애매하지만 하이볼로 만들면 바로 그 가치를 알 수 있습니다. 하이볼을 위한 위스키.
- 설명이 필요 없는 하이볼 붐의 원조. 하이볼이 맛있는 위스키의 대표 격이라고 생각합니다.
- 실패 없는 선택. 안심하고 마실 수 있어요.

DATA
40%
700mL
산토리

> **필자 코멘트!**
> '산토리 가쿠빈'으로 시작해서 위스키에 빠지는 사람이 많다. 일본에서는 압도적인 판매량을 자랑한다.

8위 아란 10년 [255표]

시청자 댓글

- 어떤 비율로 만들어도 맛있어서 정신없이 마시게 됩니다. 몇 병 쟁여놓아도 항상 부족해요. 다소 진하게 만들어도 알코올 향이 튀지 않아 불쾌하지 않고 연하게 만들어도 과즙 느낌이 충분히 살아 있어 맛있어요.
- 거품 한 알 한 알에서 아란의 과일 풍미가 퍼집니다.

DATA
46%
700mL
아란 증류소

> **필자 코멘트!**
> 알코올 도수가 높아 하이볼로 만들어도 개성이 뚜렷하다.

10위 보모어 12년 [244표]

시청자 댓글

- 적당한 스모키함에 바다 향기와 셰리 캐스크의 단맛이 절묘해요. 하이볼로 만들면 향기가 탄산 거품과 함께 터져 나와 입안에 행복이 퍼집니다.
- 피트한 하이볼을 마시고 싶을 때 잘 어울려요. 화려한 단맛도 느낄 수 있어 매우 맛있습니다.

DATA
40%
700mL
보모어 증류소

> **필자 코멘트!**
> 피트의 스모키함을 느낄 수 있는 아일러섬의 대표 제품 중 하나다.

11위 시바스 리갈 미즈나라 12년 [228표]

입에 넣는 순간부터 퍼지는 화려함과 과일 맛이 인상적입니다. / 달콤한 하이볼을 마시고 싶을 때 즐겨 마시는 제품입니다.

12위 글렌피딕 12년 [212표]

산뜻한 풍미가 탄산과 함께 퍼지는 느낌이 좋아서 늘 마셔요. / 위스키의 과일 향미란 무엇인지 느낄 수 있습니다.

13위 산토리 스페셜 리저브 [209표]

'하쿠슈'는 구하기 어렵지만 하쿠슈 하이볼과 비슷한 맛이 나요. / 적당히 청량하면서도 깊이를 느낄 수 있어요. 균형이 잘 잡힌 맛입니다.

14위 듀어스 8년 캐리비안 스무스 [200표]

럼의 단맛과 약간의 스모키함이 바비큐에 최고로 잘 어울립니다. / 뒷맛에 흑설탕 같은 감칠맛을 느낄 수 있어서 몹시 마음에 듭니다.

15위 더 글렌리벳 12년 [188표]

마시기 편하다고 생각하다가 한 병을 다 비웠습니다. / 논피트여서 부드럽게 넘어갑니다. 질리지 않는 위스키!

16위 듀어스 12년 [180표]

요리와 찰떡궁합. 어떤 음식과도 잘 맞습니다. / 탄산을 뚫고 나오는 과일 풍미. 개인적으로 베스트 하이볼!

17위 제임슨 [172표]

라임을 넣어 마시면 여름에 제격입니다. / 달콤하고 경쾌한 터치가 여름철 냉동실에 두고 마시기에 정말 좋습니다.

18위 블랙 니카 스페셜 [165표]

'딥 블렌드'도 좋아하지만 이 제품이 달콤함과 쓴맛의 균형이 더 좋습니다. / 달콤한 향과 긴 여운을 남기는 맛. 어디 하나 빠지지 않아!

19위 이치로즈 몰트 앤 그레인 [161표]

이치로즈 몰트는 그레인 느낌이 강해서 음식과 잘 어울립니다. / 향이 좋으며 식사 자리에도 잘 어울리기 때문에 금방 다 마십니다.

20위 화이트호스 파인 올드 [142표]

걱정 없이 실컷 마실 수 있어요. / 스트레이트도 좋지만 하이볼로 마셨을 때의 상쾌한 느낌을 좋아합니다.

21위 조니워커 레드라벨 [141표]

하이볼로 만들면 피트 향과 알코올 향의 균형이 적절해서 좋습니다. / 하이볼로 만들면 시원하게 마실 수 있어 맛있다고 생각합니다.

22위 발렌타인 파이니스트 [134표]

위스키가 별로였는데 위스키에 빠지게 된 계기가 되었습니다. / 하이볼로 만들어도 너무 가볍지 않고 제대로 된 맛을 느낄 수 있습니다.

23위 조니워커 블랙라벨 12년 스페이사이드 오리진 [120표]

어떻게 마셔도 맛있지만 하이볼이 일품입니다. / 탄산이 터지면서 아주 기분 좋은 향기가 느껴집니다.

24위 몽키숄더 [112표]

스트레이트든 온 더 록이든 하이볼이든 다 맛있고 쉽게 살 수 있어 정말 고마운 위스키입니다. / 달콤하고 과일 향미가 있어 마시기 좋습니다.

25위 더 페이머스 그라우스 [107표]

농도와 온도, 컨디션에 따라 매번 다른 얼굴을 보여줍니다. / 저렴하지만 셰리의 단맛이 확실하고 진해서 최고.

26위 글렌그란트 아보랄리스 [104표]

가성비가 좋고 하이볼을 위한 위스키라고 생각합니다. / 누구나 선호할 맛이라고 생각해요.

27위 커티 샥 [103표]

하이볼로 마시기 편하고 가성비가 좋습니다. / 부담 없이 하이볼로 마시는 만족도 높은 데일리 위스키입니다.

28위 발렌타인 12년 [102표]

적당한 가격에 비해 확실한 달콤함과 향이 있어 더할 나위 없습니다. / 가성비 중시 밸런스 타입. 바에서 첫 잔으로 주문하기 최적입니다.

29위 시바스 리갈 12년 [91표]

어떻게 마시든 맛있는 위스키입니다. 달콤하고 상큼한 하이볼을 원한다면 최고입니다. / 상큼한 사과 느낌이 기분 좋아서 무심코 벌컥벌컥 마시게 됩니다.

30위 화이트호스 12년 [84표]

아일러섬 위스키의 피트함을 맘껏 즐길 수 있습니다. / 저렴한 가격 이상의 퀄리티. 평생 마시고 싶어요.

진한 맛 하이볼의 비결과
저렴하고 진한 위스키 5종 추천

프롬 더 배럴
현재 큰 인기를 끌고 있는 니카 위스키의 블렌디드위스키. 특히 온 더 록이나 하이볼용으로 인기가 높다. 진한 맛 하이볼의 정석.
51% / 500mL / 니카 위스키

커티 샥 프로히비션
아메리칸 오크통에서 숙성된 몰트위스키 원주와 그레인위스키를 블렌딩. 크리미한 맥아의 달콤함과 스파이시함이 특징.
50% / 700mL / 글렌터너

알코올 도수가 높으면 맛이 진하다?

알코올 도수가 높은 위스키를 사용하면 탄산의 자극은 그대로 유지하면서 맛이 진한 하이볼을 만들 수 있다. 그 이유는 다음과 같다. 먼저 탄산수를 그대로 마셨을 때의 자극을 100이라고 하자. 알코올 도수가 40%인 위스키로 1:3 비율의 하이볼을 만들면 탄산의 자극은 75가 된다. 이 비율이 약하다면 위스키를 추가하므로 탄산수의 양이 줄어든다. 극단적으로 말해 위스키와 탄산수를 1:1로 만들면 탄산의 자극이 50까지 떨어진다.

하지만 알코올 도수가 50%인 위스키로 1:3 하이볼을 만들면 탄산의 자극을 75로 유지하면서도 진한 하이볼을 완성할 수 있다. 이때 너무 진한 것 같아 **위스키의 양을 줄이면 탄산수의 비율이 높아져 탄산의 자극은 더 강해진다.**

옛날 위스키가 맛있는 이유

현재 하이볼에 많이 쓰이는 스테디셀러 블렌디드 스카치위스키의 알코올 도수는 대체로 40%다. 흔히 '옛날 블렌디드 스카치위스키는 맛있었다'라고들 말하는데, 그 **이유 중 하나가 알코올 도수**가 아닐까 생각한다.

20~30년 전 위스키 도수는 현재보다 높은 것이 많았고 맛이 진했다(세계적인 위스키 불황

시대에는 원주가 남아돌아 장기숙성 원주를 듬뿍 사용했다는 이유도 있음). 일본도 '산토리 가쿠빈'
은 현재 40%이지만 이전에는 43%였다.

그럼 알코올 도수가 높고 가격이 비교적 적당한(2021년 기준 5000엔 이하) 위스키는 무엇
이 있을까?

일리악 캐스크 스트렝스
증류소명이 공개되지 않은 아일러섬
의 싱글 몰트위스키. 일리악은 아일
러 도민이라는 뜻.
58% / 700mL / 더 하일랜즈 앤 아
일랜즈 스카치 컴퍼니

핀라간 캐스크 스트렝스
이름이 비공개인 아일러섬 증류소에서
제조. 숙성연수가 짧은 원주인 듯하며
독립병입회사 제품이라 비교적 저렴.
58% / 700mL / 더 빈티지 몰트위스
키 컴퍼니

와일드 터키 8년
곡물 배합 비율은 비공개지만 옥수수
사용량이 적어 스파이시함.
50.5% / 700mL / 와일드 터키 증류소

알코올 도수가 높은 위스키 추천

먼저 '**프롬 더 배럴**'은 하이볼 붐으로 품귀현상까지 빚고 있다. 인기 비결은 진한 맛의 하이
볼을 만들 수 있기 때문이 아닐까. '**커티 샥 프로히비션**'은 저렴한데 알코올 도수가 50%나
되어 진한 블렌디드위스키 하이볼을 만들 수 있다. '**일리악 캐스크 스트렝스**'는 물로 희석
하지 않고 병입한 캐스크 스트렝스(CS, cask strength)라서 알코올 도수가 58%나 된다. 스모
키한 아일러섬의 싱글 몰트위스키로 상당히 진하다. '**핀라간 캐스크 스트렝스**'도 캐스크 스
트렝스로 알코올 도수가 58%다. 이름은 비공개이지만 아일러섬에 있는 증류소임은 공개
되어 있다. 마지막으로 '**와일드 터키 8년**'은 오래전부터 인기 있는 버번위스키의 정석이며
도수는 50.5%이다. 타격감이 높아 위스키 애호가가 좋아할 맛이다.

초보자를 위한
홈바용 도구 소개

어떻게 마시든 계량컵은 필수 아이템

바나 가게만이 아니라, 집에서도 위스키를 맛있고 멋지게 즐기고 싶다면 필요한 도구들을 구비해두는 것이 좋다.

평소에 어떤 방식으로 마시느냐에 따라 갖출 도구가 다르지만 **마시는 방식에 상관없이 '지거'라고 불리는 계량컵이 있으면 참 편리**하다. 컵 안쪽에 용량 눈금이 새겨져 있는 제품을 추천한다.

분량을 재지 않고 적당히 따라 마시는 것도 좋지만 다른 음료와 섞어 마시는 **미즈와리나 하이볼은 분량을 지켜 마시는 습관이 의외로 중요**하다. 왜냐하면 여러 종류의 위스키를 마실 때 혼합 비율을 알아야 제대로 비교 시음할 수 있기 때문이다. **특히 처음 마시는 술이라면 분량을 재서 마시기를 추천**한다. 또 '프롬 더 배럴'처럼 잔에 따르려다 쏟기 쉬운 모양의 병은 지거를 사용하면 흘리지 않고 따를 수 있다.

또 마시는 방식에 상관없이 구비하고 있으면 편리한 도구로는 물 첨가용 밀크피처와 체이서용 유리잔이 있다. 물과 잔만 있으면 된다는 생각에 페트병을 그대로 사용하는 사람도 있지만 밀크피처로 세팅하면 집에서 마시는 술이라도 단번에 바 분위기를 연출할 수 있다. **분위기가 좋으면 술맛도 달라지는 법**이다.

사용하는 잔도 마찬가지로 대충 아무 잔이 아니라 크리스털 글라스로 준비하면 고급스러운 분위기를 내는 데 훨씬 효과적이며 술도 더 맛있다.

술맛을 좌우하는 분위기

위스키 보관 장소도 분위기를 내는 데 중요한 부분이다. 아무 데나 두는 사람도 있지만 아무래도 전용 진열장이 있으면 보기에도 좋다. 집이지만 예쁘게 진열된 애장 위스키를 바라보며 마시는 기분도 각별하다.

겉보기만이 아니다. 그리고 진열장 유리에 UV 필름을 붙이면 자외선으로부터 술을 보호할 수 있다. 위스키의 품질을 유지하려면 **적당한 실온이 유지되면서 직사광선이 직접 닿지 않는 곳에 보관**해야 좋다.

추가로 병뚜껑의 **코르크가 부러졌을 때 사용하는 아이템**을 준비해두면 좋다. 중간에 부러진 코르크를 뽑기 위한 소믈리에 나이프나 시침핀, 코르크 파편이 위스키 안에 떨어졌을 때 여과하기 위한 차 거름망, 병에 다시 넣기 위한 깔때기는 코르크가 손상되었을 때 필요한 최소한의 도구다. 저렴한 제품도 상관없으니 준비해두면 여차하는 순간에 도움이 된다.

(왼쪽부터)
얼음통: 스테인리스이며 이중구조로 되어 있어 얼음이 잘 녹지 않는다.
피처: 750mL~1.5L 정도가 좋다.
체이서용 유리잔: 크리스탈 제품이면 고급스러운 분위기를 연출할 수 있다.
밀크피처: 조금씩 물을 첨가하기에 적합한 크기.
지거: 액체의 양을 재는 도구.

초보자에게 추천하는
테이스팅 글라스

글렌캐런 글라스
테이스팅 글라스의 스테디셀러로 비교적 저렴하다. 키가 작고 무게 중심이 잘 잡혀 있으며 넘어뜨려도 잘 깨지지 않는다. 다리가 없어서 아래를 잡고 마시면 위스키에 손의 열이 전달되어 향이 잘 피어오른다.

리델 비늄 싱글 몰트위스키와 코냑 헤네시
(왼쪽) 리델 비늄 싱글 몰트위스키. 볼 부분에 향이 머물지 않아서 향이 강한 위스키에 적합하다.
(오른쪽) 리델 비늄 코냑 헤네시. 휘어진 잔 윗부분이 마실 때 혀 중앙으로 위스키를 모아줘 알코올 자극을 덜 느끼게 해준다.

모양이나 디자인을 보고 잔 고르기

테이스팅 글라스는 위스키를 스트레이트로 마실 때 사용한다. 잔의 종류도 다양하며 위스키마다 어울리는 잔이 있다. **다만 전문 블렌더나 품평회에서 사용하는 테이스팅 글라스는 그다지 참고하지 않아도 된다.** 전문 블렌더나 품평회에서는 같은 환경에서 비교 시음하는 것을 중시하기 때문에 맛있게 마시는 것과는 접근 방식이 다르다. 개인이 사용하는 유리잔은 자신이 좋아하는 모양이나 디자인으로 선택하는 것이 좋다.

추천하는 잔은 **크리스털 유리잔**이다. 일반적인 소다 유리보다 빛 반사가 뛰어나고 고급스럽다. 가장 유명한 것은 '글렌캐런 글라스'다. 납 대신 산화칼륨을 사용해 크리스털의 반짝임을 유지하면서도 일반 크리스털보다 튼튼해서 잘 깨지지 않고 가볍다. 슈피겔라우사의 제품과 슬로바키아 로나(RONA)사의 '싱글 몰트위스키'도 납 대신 산화칼륨을 사용한 크리스털 제품이다. 사진으로 다양한 테이스팅 글라스를 소개했으니 참고 바란다. 마시는 부분이 얇으면 입술이 닿을 때 느낌이 좋고, 다리가 긴 잔은 보기에는 좋지만 넘어지기 쉬우므로 걱정되는 사람은 다리가 짧은 잔을 선택하는 등 개인의 편의에 따라 선택하면 된다.

❶ 즈비젤
바 스페셜 위스키 잔

독일의 오래된 크리스털 브랜드. 구경에 비해 볼 부분이 작은 편이며 깊은 향을 즐길 수 있다. 향이 강한 위스키에도 추천.

❷ 즈비젤
바 스페셜 위스키 노징 텀블러

다리가 없는 타입. 표면적이 넓고 볼이 큰 형상으로 묵직한 편이다. 살짝 넘어져도 내용물이 쏟아지지 않기 때문에 안심이다.

❸ 슈피겔라우
오센티스 다이제스티브

맥주잔으로 유명한 명문 제조사. 납을 포함하지 않으면서도 가볍고 내구성이 뛰어난 고품질의 얇은 잔을 만든다.

❹ 스토즐 라우시츠
위스키 노징 글라스

500년 역사의 유리 제조사. 납 대신 산화칼륨을 사용한 크리스털 제품으로, 표면적이 넓어 안정적이고 다리가 있어 손을 통한 열전달을 방지한다.

❺ 로나
싱글 몰트위스키

슬로바키아의 유리 제조사. 산화칼륨을 사용한 크리스털 제품으로 글렌캐런과 비슷한 외형에 짧은 다리가 있다. 입구가 얇고 가벼워 입술 감촉이 좋다.

❻ 아데리아
루이지 보르미올리 스니퍼터

일본 브랜드. 소닉 크리스털이라는 유리로 납 함유 크리스털과 반짝임의 정도가 같다. 자동세척기 테스트를 4000회 이상 통과해 내구성도 높다.

얼음 크기로 잔 고르기

얼음은 덩어리를 둥글게 깎거나 둥근 얼음 틀로 만들 수 있다. 깎아내서 만들면 일반적인 가정용 얼음 틀로 만든 얼음보다 훨씬 고급스러운 분위기를 낼 수 있다. 잔은 얼음의 모양이나 크기에 맞게 선택하자.

입구 크기 확인

얼음이 들어갈지 안 들어갈지는 잔의 입구 크기로 결정된다. 크기를 비교해서 판단하자.

분위기가 중요하다면 크리스털 글라스

온 더 록 잔은 취향에 따라 골라도 되지만, **먼저 사용하는 얼음의 크기를 고려**해야 한다.

고급스러운 분위기를 내고 싶다면 크리스털 글라스를 추천한다. 다만 크리스털 글라스는 고급스럽고 빛 반사도 좋지만 **다소 약한다는 단점**이 있다. 다른 잔과 세게 부딪치면 깨지기 쉬우니 주의해야 한다. 저렴하지도 않기 때문에 제대로 관리할 수 있을지 생각해보고 구매하는 편이 좋다.

참고로 크리스털 글라스가 깨지면 쇠줄 등으로 다듬어 소품 수납용으로 활용하거나 잘라서 작은 잔으로 활용하는 방법도 있으니 너무 두려워하지만 말고 도전해보자.

Column

유리잔의 물때를 제거하는 방법!
빛나는 잔으로 되돌리기

잘 쓰던 유리잔이 어느 날부터인가 거칠게 느껴진다면, 그 원인은 **잔에 묻은 물때**일 가능성이 높다. 언뜻 보기에는 깨끗해 보여도 형광등에 비춰 보면 물때를 확인할 수 있다. 물때는 곰팡이가 아니라 **물에 포함된 칼슘이나 마그네슘 등의 미네랄이 물이 마르면서 잔에 고착된 것**이다. 즉, 잔을 물에 헹군 상태에서 물기를 닦지 않고 싱크대에 놓아두거나 씻은 후 자연 건조하면 생기기 쉽다.

물때는 주방용 표백제에 담그거나 구연산 등을 사용해서 지울 수 있지만, 겹겹이 쌓인 얼룩은 좀처럼 사라지지 않는다. 또한 납이 들어 있는 크리스털 글라스에 산성 세제를 사용하면 잡티의 원인이 되므로 주의해야 한다.

물때를 깨끗하게 제거하는 방법은 매우 간단하다. **탄산수소나트륨에 물을 소량 넣어서 천 조각 등에 묻혀 닦기**만 하면 된다. 이렇게만 관리해도 상당히 깨끗해지고 매끈한 촉감도 돌아온다.

물때를 예방하려면 젖은 상태로 방치하지 않아야 하는데, 아예 물속에 완전히 담가두는 것도 방법이다. 정기적으로 물때 여부를 확인하고 깨끗이 관리하자.

Before

After

재료
탄산수소나트륨(적당량, 대략 1~2스푼), 물(적당량),
천 조각, 작은 용기, 고무장갑

① 탄산수소나트륨을 1~2스푼 정도 덜어서 그릇에 담는다. 물을 조금만 붓는다.

② 자른 천에 탄산수소나트륨 물을 묻혀 유리잔을 닦는다. 안쪽은 살살 닦는다.

위스키는 어떻게 보관할까?

한 번 개봉했다 남은 위스키를 오래 보존하기 위한 도구는 여러 가지가 있지만, 보관 환경에 따라 효과가 다르다.

위스키 보관 방법

위스키 보관 방법은 옛날부터 여러 설이 있었으나 **결국에는 '진실은 알 수 없다'로 귀결**된 듯하다.

18세기의 유명 과학자 루이 파스퇴르는 "코르크는 호흡한다"라고 말했지만 코르크가 공기를 통과시키는지는 지금도 의견이 분분하다. 코르크 품질에 따라 공기가 통과하는 양이 다르거나 공기가 통해도 병 안의 기압 변화가 없으면 공기가 오가지 못한다는 의견도 있어 실제로 코르크가 위스키 품질에 영향을 미치는지는 아직 명확하게 알려진 바가 없다.

다만 위스키 품질을 현저히 떨어트리는 장소는 명확하니 최소한의 주의사항은 알아두자.

최소한 자외선과 보관 장소의 실온 체크

위스키를 보관할 때는 자외선과 온도를 조심해야 한다. 1994년 일본포장학회의 연구에 따르면, 위스키를 여름철 2주간 야외에 방치했더니 성분에 큰 변화는 없었지만, 일주일이 지났을 무렵부터 색이 옅어지고 나쁜 냄새가 나면서 위스키 본연의 향이 크게 떨어졌다고 한다. 이를 통해 **위스키를 직사광선이 닿는 장소나 기온이 높은 곳에 보관하면 품질이 떨어진다**는 것을 알 수 있다. 또한 극단적으로 더운 곳에 두면 병 안 공기가 팽창하여 병에서 술이 새는 물리적인 문제가 생길 수도 있다. 위스키는 실온과 직사광선에 충분히 주의하여 **햇빛이 닿지 않는 서늘하고 어두운 곳에 보관**하자.

다만 개인적으로는 보관 방법에 지나치게 신경 쓰느라 스트레스받지 말고 그냥 즐겁게 마시는 편이 좋다고 생각한다. 위스키가 남으면 친구들과 함께 나눠 마시며 즐기는 것이 보존 방법을 생각하느라 골치를 썩이는 것보다 훨씬 의미 있지 않을까 싶다.

위스키 보관 시 이것만은 하지 말자

자외선에 노출
오랫동안 직사광선이 닿으면 품질 변화가 일어난다. 햇빛이 들어오는 곳에 둬야 한다면 창문 등에 UV 필름을 붙이는 대책도 효과적이다.

기온이 높은 장소
위스키를 보관하는 적정 온도는 15~20℃ 전후로 알려져 있다. 기온이 높은 곳에 두면 품질이 떨어지고 드물게는 병 안 공기의 팽창으로 병이 파손돼 내용물이 쏟아지기도 한다.

온도 변화가 심한 장소
추운 곳에서 더운 곳으로 자주 이동시키는 등 온도 변화가 급격하면 병 내에서 액면저하(증발 등으로 액체 표면이 낮아지는 현상)가 일어나 위스키 품질이 떨어질 수 있다.

눕혀서 보관
위스키는 알코올 도수가 높기 때문에 눕혀서 보관하면 알코올 때문에 코르크가 열화된다. 또한 코르크가 아닌 스크류캡도 내부가 열화할 수 있다.

위스키 장기 보관 아이템

파라필름
실험실에서 주로 사용하는 필름. 위스키 뚜껑 주위를 감아두면 액면저하나 산화를 방지할 수 있다.

파라필름 사용법

스크류캡 2cm 정도로 잘라 뚜껑이 닫히는 방향으로 아래에서 위로 감는다.

코르크 뚜껑 2cm 정도로 잘라 감는 방향에 상관없이 아래에서 위로 감는다.

프라이빗 프리저브
원래 와인용 산화방지제. 개봉한 병 안에 불활성가스를 주입해 산소가 포함된 공기를 제거한다.

투명 얼음을 만드는 방법

투명 얼음이 만들어지는 원리

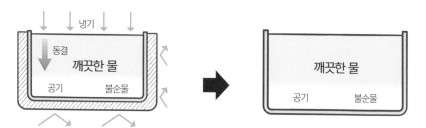

물은 불순물부터 얼기 때문에 주변부에 단열재를 사용하여
냉기가 닿지 않도록 하고 위쪽 물부터 차례로 얼도록 한다.

깨끗한 물부터 얼기 때문에 아래에
가라앉은 불순물을 쉽게 제거할 수 있다.

준비물 이 외에 바스푼, 아이스픽, 칼.

골판지에 단열재를 둘러 만든 상자. 밑에서 냉기를 받지
않도록 아래에도 단열재를 붙인다.

냉동실에 들어가는 플라스틱 용기. 어느 정도의 강도와
깊이가 있다면 어떤 용기든 상관없다.

많이 만들어두면 편리

얼음은 위스키를 온 더 록이나 하이볼로 마실 때 꼭 필요한 재료다. 일반적인 얼음을 사용
해도 되지만 바 등에서 쓰는 **투명 얼음을 만들어두면 집에서도 더욱 맛있게 위스키를 즐길
수 있다.** 여기서는 네모난 블록 얼음을 만드는 방법과 블록 얼음으로 다이아몬드 얼음, 둥
근 얼음 만드는 법을 소개한다. 물론 그냥 큰 얼음을 적당히 깨서 사용해도 상관없다. 얼음
을 사는 번거로움도 없고 얼음값도 절약할 겸 꼭 한 번 만들어보길 바란다.

1 바스푼으로 공기를 제거한다.

용기에 물을 붓는다. 기포는 얼음에 알갱이가 생기는 원인이므로 바스푼 등으로 빼낸다.

2 단열 상자에 넣어서 3분의 2를 얼린다.

물이 상온이 되면 용기를 단열 상자에 넣어 냉동실로 옮긴다. 물은 얼면서 팽창하므로 너무 오래 얼리지 않도록 주의한다.

3 아이스픽으로 불필요한 부분을 깎는다.

용기에서 얼음을 꺼내 얼지 않은 물을 버린다. 아이스픽으로 불필요한 부분은 깎아낸다.

4 투명한 부분만 남긴다.

불순물이 들어 있는 하얀 부분은 모두 깎아내고 투명한 부분만 남긴다.

5 아이스픽으로 얼음을 자른다.

아이스픽으로 얼음덩어리의 측면이나 바닥 등을 두드려 원하는 크기로 잘라낸다.

6 칼로 정방형으로 다듬는다.

원하는 크기로 잘라낸 얼음을 칼로 깎아 정방형으로 다듬는다. 이때는 식칼이 편리하다.

7 다듬기를 마치면 다시 얼린다.

모든 얼음을 정방형으로 다듬은 후에 다시 플라스틱 용기에 넣고 냉동실에서 얼린다.

8 완성된 블록 얼음

정방형 얼음이 얼면 블록 얼음이 완성된다. 그냥 써도 좋고 원하는 모양으로 다듬어도 좋다.

둥근 얼음

둥근 얼음으로 멋진 분위기를 연출할 수 있다. 물을 넣기만 하면 손쉽게 만들어지는 제빙기도 있다.

다이아몬드 얼음

브릴리언트컷이라고도 부른다. 밑이 오므라진 형태로 고급스러운 분위기를 연출할 수 있다.

1

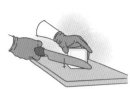

블록 얼음의
모든 모서리를 칼로
깎아서 쳐낸다.

1

칼로 블록 얼음 윗면을
가능한 한 수평이
되도록 다듬는다.

2

초보자는 아이스픽보다
칼로 둥글게 깎아내는
것이 편하다.

2

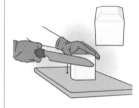

칼을 비스듬히 잡고
모서리를 쳐낸다.
윗면에 한 단계 작은
사각형을 만든다는
느낌이다.

3

어느 정도 구형이 되면
아이스픽으로 모서리를
쳐내면서 둥글게
만든다.

3

다시 네 모서리를
쳐내고 위에서 볼 때
팔각형이 되도록
다듬는다.

4

잔에 맞는 크기가 될
때까지 쳐내고 칼로
깎아내면 깨끗하게
완성할 수 있다.

4

옆면도 모서리를
쳐낸다. 잔의 크기에
맞게 아랫부분을
깎아 크기를 조정한다.

Part 3

세계의
위스키

재패니즈 위스키란?

'산토리 시로후다'가 시초

일본 위스키의 역사는 1929년에 일본산 위스키 제1호 '산토리 시로후다' 발매로 시작되었다. 이를 위해 스코틀랜드에서 본고장 스카치위스키 제조법을 배우고 **훗날 니카 위스키를 창업하는 타케츠루 마사타카**를 초청했다. 참고로 '산토리 시로후다'는 현재의 '산토리 화이트'다. 그 후 타케츠루는 대일본과즙 주식회사(니카 위스키의 전신)를 창업하고 1940년에는 니카 위스키 최초의 위스키를 발매했다.

하이볼 붐과 위스키 침체기

제2차 세계대전 후에는 위스키 원주가 소량만 들어간 저렴한 3급 위스키(훗날의 2급 위스키)가 인기였다. 당시에 산토리(당시 상호는 고토부키야)의 홍보로 하이볼 열풍이 처음 불었다. 물론 지금처럼 집에서 마시는 하이볼은 생각할 수 없던 시절이었고 바 등 가게에서만 즐길 수 있었다. 1970년대 말 무렵부터는 서서히 **지방에도 위스키 붐이 일기 시작**했다. 사케와 소주 제조업체들이 앞다퉈 위스키를 출시했다. 하지만 1985년경을 정점으로 위스키 매출이 점점 떨어지더니 위스키 시장은 침체기에 빠졌다. 이때부터 각 제조사는 잇달아 위스키 제조 규모를 축소하거나 혹은 사업을 철수하기에 이른다.

세계적으로 큰 인기를 누리는 재패니즈 위스키

꾸준히 위스키를 만들던 산토리가 '싱글몰트 야마자키 12년'으로 **2003년에 세계적인 품평회에서 상을 받았다.** 이때부터 재패니즈 위스키는 조금씩 세상에 알려졌다. 하지만 일본 내에서는 여전히 위스키 침체기였다. 이러한 상황은 2008년경부터 바뀌었다. 산토리의 광고 전략도 한몫해, 점차 하이볼이 인기를 얻었다. 그리고 마침내 2010년에는 폭발적인 인기에 원주 부족을 걱정하는 상황이 되면서 제품 출하를 제한하기까지 했다. 잠깐이지만 '산토리 가쿠빈'을 살 수 없는 시기가 있었을 정도다. 2014년에는 니카 위스키의 창업자 타케츠루의 인생을 그린 드라마 〈맛상〉이 방영되었다. 일본에서는 드라마의 영향과 하이볼 붐으로 **현재까지도 위스키가 크게 인기를 누리고 있다.**

일본 주세법 3조 15호

가. 발아시킨 곡물류 및 물을 원료로 당화·발효시킨 알코올 함유물을 증류한 것.

나. 발아시킨 곡물류 및 물로 곡물류를 당화·발효시킨 알코올 함유물을 증류한 것.

다. 가 또는 나로 만든 주류에 알코올, 스피릿, 향미료, 색소 또는 물을 첨가한 것.
　(가 또는 나의 주류의 알코올분 총량이 알코올, 스피릿 또는 향미료를 첨가한 후 주류의 알코올분 총량의 100분의 10 이상인 것으로 한정함.)

'가'는 몰트위스키, '나'는 그레인위스키의 정의다. '다'는 위스키에 향미료 등을 첨가해도 된다는 것을 알 수 있다. 또 위스키를 최저 10% 함유하면 된다는 것도 알 수 있다.

위스키 표시에 관한 공정경쟁규약 및 시행규칙

블렌드용 알코올: 곡물류가 원료인 것을 제외하고 이들을 해당 위스키에 블렌드한 경우에 표시한다.

스피릿: 곡물류가 원료인 것을 제외하고 이들을 해당 위스키에 블렌드한 경우에 표시한다.

셰리 주류: 용량대비 2.5% 초과로 사용한 경우에 표시한다.

곡물류를 원료로 한 스피릿은 첨가해도 라벨에 표시할 의무가 없다. 또한 2.5%까지라면 셰리 주류를 직접 추가해도 표시 의무가 없다.

일본 시장에서의 위스키 종류

－ 일본의 증류소에서 증류된 위스키.
－ 일본의 증류소에서 증류된 원주와 해외 증류소에서 만든 원주를 혼합한 위스키.
－ 해외 원주를 수입하여 독자적으로 숙성하거나 블렌딩한 것.
－ 해외 원주를 일본에서 병입한 위스키.
－ 위스키에 스피릿이나 향미료를 첨가한 것(위스키는 최소 10%).

법률적으로 느슨한 재패니즈 위스키의 정의

원래 **재패니즈 위스키에는 최소한의 법률밖에 없었다.** 몰트위스키는 몰트와 물을 원료로 당화·발효시켜 증류한 것으로 알코올 도수는 95% 미만이라는 것만 정의되어 있다. 또한 몰트위스키나 그레인위스키에 스피릿(증류 원액)과 향료, 색소 등을 첨가해도 좋고 위스키가 최소 10%만 함유되어 있으면 위스키로 표시할 수 있다.

　스코틀랜드처럼 증류기에 대한 정의도 없다. 이는 제2차 세계대전 후 물자 부족 속에서 제정된 최소한의 법률이며 지금도 바뀌지 않았다. 그래서 일본에서는 위스키라 이름 붙일 수 있는 술의 타입이 다양하다(위쪽 자료 참조).

인기 속 정의된 재패니즈 위스키

2000년대 들어서면서 일본 위스키는 세계적인 품평회에서 호평을 받으며 서서히 주목받았다. 치치부 증류소의 수제 위스키인 이치로즈 몰트도 세계적으로 큰 인기를 끌고 있다. 희귀한 재패니즈 위스키는 경매에서 엄청난 가격이 매겨지기도 하고, 일본을 연상시키는 라벨과 이름으로 해외 원주를 채운 위스키가 수출되기도 했다. 이러한 상황 속에서 재패니즈 위스키를 정의해서 일본의 신용 저하를 막아야 한다는 움직임이 업계 내에서 일어났고 **일본양주주조조합은 재패니즈 위스키란 무엇인가를 정의했다. 2021년 4월 이후 조합에 소속된 제조사는 이 기준을 준수해야 한다. 원재료는 맥아, 곡물류, 일본 내에서 채취된 물을 사용할 것. 당화·발효, 증류, 숙성은 일본 내에서 실시할 것. 숙성은 3년 이상이고 알코올 도수는 40% 이상일 것.** 착색에 대해서는 스카치위스키와 마찬가지로 인정하며 표기에도 엄격한 기준이 정해졌다. 이에 따라 대형 제조업체들은 어떤 제품이 재패니즈 위스키에 해당하는지 발표했다.

일본양주주조조합의 재패니즈 위스키 정의

	제조품질의 요건	
원재료	원재료는 맥아, 곡물류, 일본 내에서 채취된 물을 사용할 것. 또한 맥아는 반드시 사용해야 한다.	
제조법	제조	당화, 발효, 증류는 일본 내의 증류소에서 실시할 것. 또한 증류해서 유출할 시의 알코올 도수는 95도 미만일 것.
	저장	내용물 700L 이하의 나무통에 담아 그다음 날을 기준으로 3년 이상 일본 국내에서 저장할 것.
	병입	일본 국내에서 용기에 담아야 하며 담을 때 알코올 도수가 40도 이상일 것.
	그외	색의 미세 조정을 위한 캐러멜 사용을 인정.

재패니즈 위스키로 표기하려면 원재료는 맥아 또는 곡물류, 그리고 보리맥아(몰트)는 반드시 사용해야 한다.

사업자는 제5조가 정하는 제조품질의 요건에 해당하지 않는 위스키에 대해서 다음 각 호가 정하는 표시를 할 수 없다.
단, 제5조가 정하는 제조품질의 요건에 해당하지 않음을 밝히는 경우에는 그렇지 않다.

1. 일본을 상기시키는 인명.
2. 일본 국내의 도시 이름, 지역 이름, 명승지 이름, 산 이름, 강 이름 등의 지명.
3. 일본의 국기 및 원호.
4. 앞 각 호가 정하는 것 이외에 부당하게 제5조가 정하는 제조품질의 요건에 해당하는 것처럼 오인할 만한 표시.

위에 설명(제5조)된 요건에 해당하지 않으면 일본을 연상시키는 이름을 붙일 수 없다. 단 요건에 해당하지 않음을 명시하면 가능하다.

재패니즈 위스키에 해당하는 제품

산토리

싱글 몰트위스키 야마자키와 하쿠슈 시리즈, 싱글 그레인위스키 치타, 블렌디드위스키 히비키 시리즈, 스페셜 리저브, 산토리 올드, 산토리 로얄, 그리고 해외 한정판매인 토키.

니카 위스키

타케츠루 퓨어 몰트, 싱글 몰트위스키 요이치와 미야기쿄, 니카 코페이 그레인.

에이가시마주조의 에이가시마 증류소

100년 이상의 역사를 가진 에이가시마 증류소. 싱글 몰트위스키 아카시와 에이가시마.

기린 맥주

기린 디스틸러리 후지고텐바 증류소의 기린 싱글 그레인위스키 후지 등.

벤처 위스키의 치치부 증류소

일본 수작업 증류소의 선구자인 치치부 증류소. 이미지는 이치로즈 치치부 더 퍼스트.

혼보주조

마르스 신슈 증류소의 싱글 몰트위스키 코마가타케와 마르스 츠누키 증류소의 싱글 몰트위스키 츠누키. 그 밖에도 홈페이지에 기재. 모두 한정품.

다양한 수제 위스키들

수제, 소규모 생산으로 개성을 추구하는 싱글 몰트위스키들.
각 회사에서 증류한 엄선된 싱글 몰트위스키가 3년 숙성을 거쳐 출시된다.

해외 원주를 블렌딩한 재패니즈 위스키

재패니즈 위스키를 선택할 때 주의해야 할 점은 **해외 원주를 사용했다고 해서 맛이 떨어지는 제품이 아니라는 것이**다. 맛은 어떻게 블렌딩하느냐에 따라 워낙에 천차만별이고 그중에는 실제로 높은 평가를 받는 제품도 많다.

산토리 월드 위스키 히비키 Ao는 산토리가 자사의 해외 증류소 원주를 혼합한 것이다. 블랙 니카 시리즈는 가성비로 인기가 좋다. 아마하간 시리즈는 캐스크의 개성이 드러나면서도 균형이 잘 잡힌 블렌디드 몰트위스키다. 프롬 더 배럴은 가격이 적당하면 인터넷에서 순식간에 매진될 정도로 인기가 높다.

나가하마 증류소의 아마하간 시리즈는 해외 몰트위스키 원주와 자사 몰트위스키 원주만을 사용한 블렌디드 몰트위스키 시리즈다. 자사 원주만으로는 블렌드 경험을 쌓을 수 없다는 생각에 해외 원주를 적극적으로 도입해 상품을 내놓고 있다.

다만 벌크 위스키(전문업체가 증류소에서 원주를 한꺼번에 사들여 블렌딩한 뒤 타입별 대용량 탱크로 판매하는 위스키)를 수입해 그대로 병에 담아 판매하기도 하는데, 이런 형태는 위스키 팬들의 비난을 사고 있다.

산토리와 니카 위스키가 소유한 해외 증류소는?

산토리는 보모어 증류소와 라프로익 증류소, 짐빔, 메이커스 마크 등을 소유하고 있으며 니카 위스키는 벤네비스 증류소를 소유하고 있다. 이런 해외 증류소의 원주도 당연히 산토리나 니카 위스키가 판매하는 제품에 사용된다.

간략 소개!
재패니즈 위스키 증류소

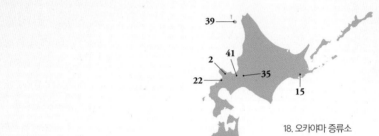

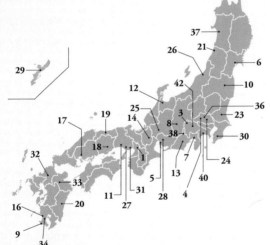

18. 오카야마 증류소
19. 구라요시 증류소
20. 오스즈야마 증류소
21. 유자 증류소
22. 니세코 증류소
23. 야사토 증류소
24. 고노스 증류소
25. 교쿠센도주조
26. 니가타 가메다 증류소
27. 가이쿄 증류소
28. 기요스자쿠라양조
29. 헬리오스주조 교다 증류소
30. 스도 본가
31. 롯코산 증류소
32. 신도 증류소
33. 구주 증류소
34. 온타케 증류소
35. 마오이 증류소
36. 하뉴 증류소
37. 아키타 증류소
38. 이카와 증류소
39. 가무이 위스키 증류소
40. 구마자와주조
41. 베니자쿠라 증류소
42. 후지산 증류소

1. 야마자키 증류소
2. 요이치 증류소
3. 하쿠슈 증류소
4. 치치부 증류소
5. 산토리 치타 증류소
6. 미야기쿄 증류소
7. 기린 디스틸러리 후지고텐바 증류소
8. 마르스 신슈 증류소

9. 마르스 츠누키 증류소
10. 아사카 증류소
11. 에이가시마 증류소
12. 사부로마루 증류소
13. 가이아플로우 시즈오카 증류소
14. 나가하마 증류소
15. 앗케시 증류소
16. 가노스케 증류소
17. 사쿠라오 증류소

오사카부 야마자키 증류소

일본 최초의 위스키 증류소

산토리의 창업자 토리이 신지로의 '일본인의 섬세한 미각에 맞는 일본 위스키를 만들고 싶다'는 열망으로 건설된 일본 최초의 위스키 증류소. 다양한 타입의 증류 설비를 갖추고 있으며 100여 종의 몰트위스키 원주를 보유하고 있다.

DATA
- 주소: 大阪府三島郡島本町山崎5-2-1
- 주요 제품: 야마자키, 야마자키 12년, 야마자키 18년,
  야마자키 25년
- 증류 개시: 1924년   · 운영 회사: 산토리 스피릿

야마나시현 하쿠슈 증류소

대자연에 둘러싸인 숲속의 증류소

산토리 위스키 탄생 50주년 기념으로 개설된 산토리의 제2증류소. 다양한 원주를 만든다. 나무통 발효조를 사용한 복잡하고 독특한 향미가 특징이다. 2021년에는 발매 중지였던 '하쿠슈 12년'이 부활해 화제였다.

DATA
- 주소: 山梨県北杜市白州町鳥原2913-1
- 주요 제품: 하쿠슈, 하쿠슈 18년, 하쿠슈 25년
- 증류 개시: 1973년
- 운영 회사: 산토리 스피릿

홋카이도 요이치 증류소

일본의 스코틀랜드

창업자 타케츠루 마사타카가 이상적인 위스키 만들기를 위해 건설한 증류소. 지금도 스코틀랜드의 전통인 '석탄 직화 증류' 방식으로 위스키를 만들어 요이치 몰트의 묵직하면서도 깊고 고소한 맛을 내고 있다.

DATA
- 주소: 北海道余市郡余市町黒川町7-6
- 주요 제품: 싱글몰트 요이치
- 증류 개시: 1936년
- 운영 회사: 니카 위스키

사이타마현 치치부 증류소

수작업 증류소의 선구자

세계가 주목하는 이치로즈 몰트를 만드는 벤처 위스키 증류소. 세계적인 품평회에서 높은 평가를 받고 있어 해외에서도 인기가 높다. 현재는 400m 떨어진 곳에 제2증류소도 가동해 생산력을 높이고 있다.

DATA
- 주소: 埼玉県秩父市みどりが丘49
- 주요 제품: 이치로즈 몰트 앤 그레인 화이트 라벨,
  이치로즈 몰트 치치부 더 퍼스트 텐 등
- 증류 개시: 2008년   · 운영 회사: 벤처 위스키

아이치현 산토리 치타 증류소
다양한 원주를 생산

산토리의 그레인위스키 증류소이자 일본 최대의 그레인위스키 증류소. 헤비, 미디엄, 클린 타입의 원주를 구분하여 생산하고 있다.

DATA
- 주소: 愛知県知多市北浜町16
- 주요 제품: 싱글 그레인위스키 치타
- 증류 개시: 1973년 · 운영 회사: 산토리 치타 증류소

나가노현 마르스 신슈 증류소
일본 중앙 알프스에서 정통파 위스키 제조

위스키 침체기 때는 생산을 일시 중지하기도 했지만 2011년부터 생산을 재개. 정력적으로 발매를 계속하고 있다.

DATA
- 주소: 長野県上伊那郡宮田村4752-31
- 주요 제품: 싱글몰트 코마가타케 등
- 증류 개시: 1985년 · 운영 회사: 혼보주조

미야기현 미야기쿄 증류소
니카 위스키의 제2증류소

요이치 증류소와는 타입이 다른 원주를 만들기 위해 '증기 간접 증류 방식'을 채택. 화사한 향과 단맛이 특징이다.

DATA
- 주소: 宮城県仙台市青葉区ニッカ1
- 주요 제품: 싱글몰트 미야기쿄
- 증류 개시: 1969년 · 운영 회사: 니카 위스키

가고시마현 마르스 츠누키 증류소
일본 본토 최남단의 위스키 증류소

혼보주조의 제2증류소. 마르스 신슈 증류소보다 중후한 느낌의 주질이 특징. 논피티드 및 여러 종의 피티드 몰트위스키를 제조한다.

DATA
- 주소: 鹿児島県南さつま市加世田津貫6594
- 주요 제품: 싱글몰트 츠누키 더 퍼스트 등
- 증류 개시: 2016년 · 운영 회사: 혼보주조

시즈오카현 기린 디스틸러리 후지고텐바 증류소
몰트위스키와 그레인위스키 모두 제조

재료 입수부터 병입까지 모든 공정이 이루어지는 증류소. 그레인위스키와 다양한 맛의 위스키를 제조.

DATA
- 주소: 静岡県御殿場市柴怒田970
- 주요 제품: 후지고텐바 증류소 퓨어 몰트위스키, 싱글 그레인위스키 후지 등
- 증류 개시: 1973년 · 운영 회사: 기린 디스틸러리

후쿠시마현 아사카 증류소
오래된 양조장의 본격 몰트위스키

도호쿠 지방에서 가장 오래된 지역 위스키 증류소. 2016년에 설비를 신설해 아사카 증류소로서 자사 증류 재개, 2019년에는 첫 싱글 몰트위스키를 발매했다.

DATA
- 주소: 福島県郡山市笹川1-178
- 주요 제품: 야마자쿠라 아사카 더 퍼스트 등
- 증류 개시: 2016년
- 운영 회사: 사사노가와주조

효고현 에이가시마 증류소

일본에서 바다와 가장 가까운 증류소

오래된 청주 양조장이 개설한 증류소. 1919년에 제조면허 취득. 1984년에 증류소를 새로 준공한 100년 이상의 역사를 자랑하는 증류소다.

DATA
- 주소: 兵庫県明石市大久保町西島919
- 주요 제품: 싱글몰트 아카시, 에이가시마 등
- 증류 개시: 1961년 · 운영 회사: 에이가시마주조

시가현 나가하마 증류소

소규모 증류소에서 세계로

일본에서 가장 작은 위스키 증류소. 2018년부터 해외 원주와 자사 원주를 혼합한 블렌디드 몰트 시리즈를 출시하고 있다.

DATA
- 주소: 滋賀県長浜市朝日町14-1
- 주요 제품: 싱글몰트 나가하마 등
- 증류 개시: 2016년 · 운영 회사: 나가하마 로만 맥주

도야마현 사부로마루 증류소

호쿠리쿠 지방 유일의 위스키 증류소

2019년에 세계 최초로 주조 공법으로 만든 단식 증류기 도입. 일본에서는 드물게 피티드 몰트만 사용하여 증류한다.

DATA
- 주소: 富山県砺市三郎丸208
- 주요 제품: 싱글몰트 사부로마루 더 폴, 선샤인 위스키 등
- 증류 개시: 1952년 · 운영 회사: 와카쓰루주조

홋카이도현 앗케시 증류소

현지 재료를 사용하는 싱글 몰트위스키가 목표

2016년에 개설된 증류소. 아일러섬의 스카치 위스키를 본떠 전통적인 제조법과 원료를 고집하는 수작업 증류소.

DATA
- 주소: 北海道厚岸郡厚岸町宮園4-109-2
- 주요 제품: 앗케시 카무이 위스키 시리즈, 24절기 시리즈
- 증류 개시: 2016년 · 운영 회사: 겐텐실업

시즈오카현 가이아플로우 시즈오카 증류소

프라이빗 오크통이 있는 수작업 증류소

희귀한 장작 직화 증류기 W를 비롯해 간접 가열 증류기 K 등 색다른 증류기와 현지 재료로 시즈오카다운 위스키를 제조하는 것이 목표다.

DATA
- 주소: 静岡県静岡市葵区落合555
- 주요 제품: 싱글몰트 시즈오카 프롤로그 K, W 등
- 증류 개시: 2016년 · 운영 회사: 가이아플로우 디스틸링

가고시마현 가노스케 증류소

3대의 단식 증류기로 만드는 맛

세계에 통용되는 위스키를 목표로 삼아 소주 제조 노하우를 활용해, 3대의 단식 증류기로 다양한 원주를 만들고 있다.

DATA
- 주소: 鹿児島県日置市日吉町神之川845-3
- 주요 제품: 싱글몰트 가노스케 등
- 증류 개시: 2017년
- 운영 회사: 고마사 가노스케 증류소

히로시마현 사쿠라오 증류소
바다와 산이 어우러진 싱글 몰트위스키

1980년 후반에 자사 증류가 중단되었으나 2017년 사쿠라오 증류소로 재개해 진과 위스키를 제조하고 있다.

DATA
- 주소: 広島県廿日市市桜尾1-12-1
- 주요 제품: 싱글몰트 사쿠라오, 싱글몰트 도고우치 등
- 증류 개시: 2017년   · 운영 회사: 사쿠라오 B&D

미야자키현 오스즈야마 증류소
손으로 만든 맛과 품질

2019년부터 위스키를 만들기 시작. 사용하는 원료는 모두 지역에서 재배한 것을 사용한다. 소주 제조 노하우도 활용하고 있다.

DATA
- 주소: 宮崎県児湯郡木城町石河内字倉谷656-17
- 주요 제품: OSUZU MALT NEW MAKE 등
- 증류 개시: 2019년   · 운영 회사: 구로키 본점

오카야마현 오카야마 증류소
소량생산의 개성 강한 위스키

2011년에 소주용 증류기로 제조를 시작. 2015년부터 구리로 된 단식 증류기를 도입해 본격적인 위스키 만들기에 들어갔다.

DATA
- 주소: 岡山県岡山市中区西川原184
- 주요 제품: 싱글몰트 오카야마 등
- 증류 개시: 2015년   · 운영 회사: 미야시타주조

야마가타현 유자 증류소
세계가 동경하는 위스키를 지향

야마가타현의 소주 제조사 긴류가 개설한 증류소. 소수 정예의 젊은 직원들을 중심으로 본격적인 위스키 만들기에 박차를 가하고 있다.

DATA
- 주소: 山形県飽海郡遊佐町吉出字カクジ田20
- 주요 제품: YUZA 싱글몰트 퍼스트 에디션 2022 등
- 증류 개시: 2018년   · 운영 회사: 긴류

돗토리현 구라요시 증류소
일본 산인 지방 최초의 위스키 증류소

2017년에 제조 시작. 위스키 외에 진, 매실 리큐어 등 다양한 제품을 적극적으로 출시하고 있다. 해외 품평회에서도 다수의 수상 경력이 있다.

DATA
- 주소: 鳥取県倉吉市上古川656-1
- 주요 제품: 싱글 몰트위스키 마쓰이, 마쓰이 퓨어 몰트 위스키 구라요시 등
- 증류 개시: 2017년
- 운영 회사: 마쓰이 주조 합명회사

홋카이도 니세코 증류소
니세코 지역 최초의 위스키 증류소

고급스럽고 섬세하며 균형 잡힌 재패니즈 위스키 제조를 목적으로 개설했다. 싱글 몰트위스키는 2024년 이후 발매 예정이다.

DATA
- 주소: 北海道虻田郡ニセコ町ニセコ478-15
- 주요 제품: 미정 (싱글몰트는 2024년 이후 발매 예정)
- 증류 개시: 2021년
- 운영 회사: 니세코 증류소

이바라키현 야사토 증류소

현지 원료에 대한 고집

히타치노 네스트 맥주의 기우치주조가 개설했다. 현지 원료만을 사용한 일본산 위스키 제조가 목표다.

DATA
- 주소: 茨城県石岡市須釜1300-8
- 주요 제품: 히노마루 위스키 시리즈
- 증류 개시: 2020년 ・운영 회사: 기우치주조

니가타현 니가타 가메다 증류소

니가타 최초의 본격 몰트위스키

2022년부터 니가타산 보리인 자사 재배 보리와 니가타산 쌀 위스키를 제조해 현지의 향미를 표현하는 위스키를 만들고 있다.

DATA
- 주소: 新潟市江南区亀田工業団地1-3-5
- 주요 제품: 미정(2024년 본격 판매 전망)
- 증류 개시: 2021년 ・운영 회사: 니가타 소규모 증류소

사이타마현 고노스 증류소

확신할 때까지 출시하지 않는 외국 자본 증류소

스코틀랜드를 연상시키는 증류소 외관이 특징. 2020년부터 위스키를 생산했으며 견학이 가능한 방문객 센터도 개설 예정이다.

DATA
- 주소: 埼玉県鴻巣市小谷625
- 주요 제품: 미정(2025년 이후 출시 예정)
- 증류 개시: 2020년 ・운영 회사: 히카리주조

효고현 가이쿄 증류소

해외에서 크게 판로를 확대

2017년부터 위스키 생산을 시작해서 해외로 판로를 늘리고 있다. 해외용으로 '히토자키 위스키'를 발매하고 있다.

DATA
- 주소: 兵庫県明石市大蔵八幡町1-3
- 주요 제품: 히토자키 위스키 등
- 증류 개시: 2017년 ・운영 회사: 아카시 주류양조

기후현 교쿠센도주조

지방 위스키 붐 때 인기

1980년대 지방 위스키 붐 때 '피크 위스키'를 발매. 현재는 싱글 몰트 위스키 발매를 준비하고 있다.

DATA
- 주소: 岐阜県養老郡養老町高田800-3
- 주요 제품: 피크 위스키, 피크 위스키 스페셜
- 증류 개시: 1949년(2018년 재개)
- 운영 회사: 교쿠센도주조

아이치현 기요스자쿠라양조

청주 효모 위스키

청주 효모를 사용해 떡갈나무 캐스크로 숙성한 재패니즈 위스키인 '아이치 크래프트위스키 기요스 45도'를 발매하고 있다.

DATA
- 주소: 愛知県清須市清洲1692
- 주요 제품: 아이치 크래프트위스키 기요스
- 증류 개시: 2015년
- 운영 회사: 기요스자쿠라양조

오키나와현 | 헬리오스주조 교다 증류소

오키나와 최초의 싱글 몰트위스키 발매

무색소, 비냉각여과를 추구하는 본격적인 '싱글 몰트위스키 교다' 등 향기롭고 맛이 깊은 위스키를 만들고 있다.

DATA
· 주소: 沖縄県名護市字許田405
· 주요 제품: 싱글몰트 교다 등
· 증류 개시: 1961년   · 운영 회사: 헬리오스주조

후쿠오카현 | 신도 증류소

기본을 갖추고 새로운 도전을 추구

에도시대부터 이어온 전통 양조장이 'QUEST FOR THE ORIGINAL'이라는 콘셉트로 오랜 꿈인 싱글 몰트위스키 제조에 나섰다.

DATA
· 주소: 福岡県朝倉市比良松185
· 주요 제품: 미정
· 증류 개시: 2021년   · 운영 회사: 시노자키

지바현 | 스도 본가

지바현 최초의 수제 위스키

2020년에 오래된 청주 양조장이 3년 숙성된 자사 몰트위스키와 해외 그레인위스키 원주를 혼합해 만든 '더 보소 위스키'를 출시했다.

DATA
· 주소: 千葉県君津市清柳16-10
· 주요 제품: 더 보소 위스키
· 증류 개시: 2018년   · 운영 회사: 스도 본가

오이타현 | 구주 증류소

100년 후에도 위스키를 계속 만들겠다는 다짐

'이상적인 술을 내 손으로 만든다'는 꿈을 내걸고 선선한 기후와 구주 고원의 풍부한 물을 활용해 2021년 2월부터 제조를 시작했다.

DATA
· 주소: 大分県竹田市久住町6426
· 주요 제품: 블렌디드 몰트 Green ram, NEWBORN
· 증류 개시: 2021년   · 운영 회사: 쓰자키 상사

효고현 | 롯코산 증류소

롯코산의 용천수 사용

2021년에 증류를 개시했다. 현재는 해외 원주에 롯코산의 용천수를 첨가해 '롯코산 퓨어 몰트위스키 12년' 등을 발매하고 있다.

DATA
· 주소: 兵庫県神戸市灘区六甲山町南六甲1034-229
· 주요 제품: 롯코산 퓨어 몰트위스키 등
· 증류 개시: 2021년
· 운영 회사: AXAS

가고시마현 온타케 증류소

사쿠라지마섬을 한눈에 볼 수 있는 증류소

단식 증류기의 증류관 각도를 상향하여 화려하고 단 과일 향미의 깔끔한 주질의 위스키를 만들고 있다.

DATA
- 주소: 鹿児島県鹿児島市下福元町12300
- 주요 제품: 미정
- 증류 개시: 2019년 ・ 운영 회사: 니시주조

아키타현 아키타 증류소(가)

일본 본토 최북단의 증류소를 목표로 건설 추진 중

주식회사 드림링크가 아키타시의 'BAR 르 베일' 창업자의 감수를 받으며 증류소 건설을 예정하고 있다.

DATA
- 주소: 상세 미정
- 주요 제품: 미정(2025년 출하가 목표)
- 증류 개시: 2023년 예정 ・ 운영 회사: 드림링크

홋카이도 마오이 증류소

홋카이도에서 세계로

홋카이도 도립종합연구기구와 공동으로 홋카이도의 원재료를 사용해 콘위스키 제조를 계획 중. 브랜디 등 증류주 제조 예정이다.

DATA
- 주소: 北海道夕張郡長沼町字加賀
- 주요 제품: 미정(2025년 출시 예정)
- 증류 개시: 2022년 ・ 운영 회사: MAOI

시즈오카현 이카와 증류소

2억4000만㎡의 수원지가 있는 증류소

광대한 자연 속 천연수, 양질의 나무, 일본에서 가장 높은 해발 1200m 숙성 환경인 남알프스(사진)의 자연을 담은 위스키 제조가 목표다.

DATA
- 주소: 静岡県静岡市葵区田代
- 주요 제품: 미정(2027년경 출하가 목표)
- 증류 개시: 2020년 ・ 운영 회사: 주잔(도야마)

사이타마현 하뉴 증류소

20년 만에 자사 증류 부활

한차례 문을 닫았지만 2016년부터 해외 원주를 사용한 위스키 사업을 재개했다. 2021년에는 자사 증류 위스키를 만들기 시작했다.

DATA
- 주소: 埼玉県羽生市西4-1-11
- 주요 제품: 골든 호스 무사시, 골든 호스 부슈
- 증류 개시: 1980년(2021년 재개)
- 운영 회사: 도아주조

홋카이도 가무이 위스키 증류소

일본 최북단 위스키 증류소

미국인 기업가가 리시리섬을 보고 아일러섬을 떠올리며 구상하기 시작했다. 리시리섬의 풍부한 자연을 살린 위스키 제조가 목표다.

DATA
- 주소: 北海道利尻郡利尻町沓形字神居128-2
- 주요 제품: 미정
- 증류 개시: 2022년   · 운영 회사: Kamui Whisky

홋카이도 베니자쿠라 증류소

진 증류소가 만드는 위스키

삿포로시의 베니자쿠라 공원 부지 내에 시설이 있으며 홋카이도 최초의 수작업 진 증류소. 2022년부터는 위스키 제조를 예정했었다.

DATA
- 주소: 北海道札幌市南区澄川389-6 紅櫻公園敷地内
- 주요 제품: 크래프트 진 9148 시리즈
- 증류 개시: 미정   · 운영 회사: 홋카이도 지유 위스키

가나가와현 구마자와주조

맥주통에서 숙성한 위스키

일본술과 맥주를 만들어온 양조장이 위스키에 도전. 맥주통에서 숙성한 위스키의 상품화가 목표다.

DATA
- 주소: 神奈川県茅ヶ崎市香川7-10-7
- 주요 제품: 미정(2023년 제품화가 목표)
- 증류 개시: 2020년   · 운영 회사: 구마자와주조

야마나시현 후지산 증류소

후지산의 기운을 받은 위스키

물은 후지산 복류수를 사용. 나무로 된 발효조, 미야케 제작소에 주문한 직화 가열 방식의 단식 증류기로 강력한 주질을 지향한다.

DATA
- 주소: 山梨県富士吉田市上吉田4918-1
- 주요 제품: 미정
- 증류 개시: 미정   · 운영 회사: SASAKAWA WHISKY

블렌디드위스키란?

몰트위스키　　+　　그레인위스키

= 블렌디드위스키

전 세계 위스키 생산량의
95%를 차지한다.

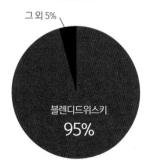

그 외 5%

블렌디드위스키
95%

스카치위스키의 생산량 = 병입한 상태를 말함.

단식 증류기
1회씩 수작업으로 증류한다. 몰트위스키는 2회에서 3회 증류
가 일반적이다.

연속식 증류기
자동으로 연달아 증류하는 증류기로 대량생산에 적합하다.
보통 그레인위스키는 연속식 증류기로 생산한다.

몰트위스키와 그레인위스키 섞기

스카치위스키의 블렌디드위스키는 말 그대로 블렌딩한 위스키다. 몰트위스키와 그레인위
스키를 혼합해 제조하며 스카치위스키 생산량의 95%를 차지한다. 이때 생산량은 병입한
상태를 의미한다. 즉, 병에 담기는 싱글 몰트위스키는 스카치위스키 중 겨우 5%다.

　일반적으로 몰트위스키는 단식 증류기, 그레인위스키는 연속식 증류기로 증류한다. 이
두 가지의 결정적인 차이는 **단식 증류기가 풍미를 남기고 증류하는 반면 연속식 증류기는
풍미를 가급적 남기지 않고 효율적으로 고도수의 스피릿을 만들어낸다는 점**이다.

주요 블렌디드위스키

조니워커   **듀어스**

발렌타인

시바스 리갈   **올드파**

조니워커 시리즈는 레드라벨, 블랙라벨 등이 블렌디드위스키다. 이 밖에 발렌타인, 듀어스, 시바스 리갈, 올드파, 커티삭 등이 있다. 저렴한 제품도 있어 하이볼용으로도 제격이다. 숙성연수가 표기된 제품도 많으며 넓은 선택지가 블렌디드위스키의 매력 중 하나다.

일본의 블렌디드위스키

일본의 블렌디드위스키는 일반적으로 스카치를 본떠서 만들며 대표적인 제품은 산토리의 '히비키', '산토리 로얄', '스페셜 리저브', 니카 위스키의 '슈퍼 니카', '프롬 더 배럴', 블랙 니카 시리즈, 치치부 증류소의 '이치로즈 몰트 앤 그레인' 등이 있다.

맛을 좌우하는 전문 블렌더의 실력

1800년대 중반부터 유통된 블렌디드위스키가 스카치위스키로 인정받은 것은 1909년경이다. 이때부터 현재까지 블렌디드위스키는 위스키 시장의 대부분을 차지하고 있다. 싱글 몰트위스키의 인기는 1990년대 무렵부터 시작되었지만 일본에서도 위스키라고 하면 일반적으로 블렌디드위스키를 먼저 떠올린다.

세계적으로도 블렌디드 스카치위스키가 싱글몰트 스카치위스키보다 압도적으로 높은 매출을 올리고 있다. 예를 들어 2020년 조니워커 시리즈의 매출이 1840만 케이스인 반면 싱글몰트 스카치위스키의 판매량 세계 1위인 글렌피딕 시리즈는 150만 케이스(영국 주류 전문지 〈드링크스 인터내셔널〉 조사)였다. 즉, 블렌디드위스키가 약 10배 이상 팔리는 셈이다. '싱글 몰트위스키 시대는 오지 않는다'는 말을 듣던 시절이 있었을 정도로 싱글 몰트위스키는 일부 애호가들이 마시는 술에 지나지 않았다. 그러나 지금은 큰 인기를 끌고 있다.

싱글몰트 스카치위스키는 단일 증류소에서 제조하며 재료도 보리맥아만 사용해야 해서 제조법이 투명하고 그렇게 복잡하지 않은 위스키다. 반면 블렌디드위스키는 여러 증류소의 원주를 사용하고 대부분 몰트위스키와 그레인위스키의 혼합 비율을 공개하지 않는다.

그래서 오히려 블렌디드위스키는 선입

우슈쿠베 리저브는 숙성연수가 10~18년 된 몰트위스키 원주가 20종 이상 사용되었다.

견 없이 마실 수 있다. 또한 전문 블렌더의 솜씨가 맛에 드러나므로 마시는 재미가 있다. 최근에는 다양한 정보가 공개되고 있으며 정보가 많은 위스키가 인기를 끌기도 한다.

원주 비율만으로는 알 수 없는 맛

일반적인 블렌디드위스키의 원주 비율은 **그레인위스키의 비율이 몰트위스키보다 높다.** 다만 원주 비율은 제품에 따라 완전히 다르며, 고급 블렌디드위스키나 숙성연수가 긴 제품은 몰트위스키의 비율이 높은 경우도 꽤 있다.

'우슈쿠베 리저브'처럼 가격은 저렴해도 몰트위스키 비율이 높은 제품도 있으며 산토리의 '히비키 17년'은 몰트위스키와 그레인위스키 비율이 1:1이라고 한다. 이런 비율이 인기의 비밀일지도 모르겠다.

하지만 몰트위스키의 비율이 높다고 해서 블렌디드위스키의 품질이 좋은 것은 아니다. 블렌디드위스키의 품질은 몰트위스키의 비율이 아니라 원주 자체의 품질이 중요하다는 생산자의 의견도 있다.

숙성도 마찬가지로, 몰트위스키 원주와 그레인위스키 원주가 모두 장기숙성이면 개성이 부딪혀 맛이 산만해질 수 있다고 한다.

그레인위스키는 생산량을 늘리기 위한 싸구려 술이라고 오해하는 사람도 있고 싱글 몰트위스키 애호가 중에는 블렌디드위스키를 몰트위스키에 품질이 낮은 그레인위스키를 희석해서 만든다고 생각하는 사람도 있다. 하지만 **그레인위스키는 몰트위스키의 풍미를 더욱 돋보이게 하는 소중한 파트너다.**

어떤 전문 블렌더는 밀이 원료인 그레인위스키를 버번 캐스크에서 8~12년 숙성하면 장기숙성 몰트위스키에서 느낄 수 있는 풍미가 생긴다고 주장하기도 한다.

주요 키몰트 예시

카듀 등

카듀 등

아드모어 등

TEACHER'S

에버펠디

글렌버기
밀턴더프
글렌토커스 등

위와 같이 핵심이 되는 키몰트를 공개하는 블렌디드위스키도 있다. 같은 시리즈여도 키몰트가 다를 수 있고 회사가 소유한 증류소가 바뀌면 키몰트가 바뀌는 등 상황에 따라서는 블렌드 내용이 달라지기도 한다.

그레인위스키의 힘

개성 강한 스타 플레이어만 모아서는 강팀을 만들 수 없다. 말하자면, 그레인위스키는 숨은 조력자다. 물론 그레인위스키를 블렌딩하는 데는 비용적인 이유도 있지만, 맛에 깊이를 더해주기 때문이기도 하다.

키몰트를 알고 마시는 즐거움

다음은 키몰트(key malt)에 대해 알아보자. 블렌디드위스키는 키몰트 이야기를 빼놓을 수 없다. **키몰트란 해당 블렌디드위스키의 핵이 되는 몰트위스키 원주를 말한다.**

예를 들어 '발렌타인 17년'은 40가지 이상의 몰트위스키 원주와 그레인위스키 원주를 사용하는데 그 중에서 향과 맛, 개성을 만들어내는 핵심 몰트위스키가 키몰트다.

왼쪽 그림과 같이 블렌디드위스키 중에는 키몰트를 공개하는 제품도 있다. 키몰트의 맛을 찾아가며 위스키를 마시는 것도 위스키를 즐기는 즐거움 중에 하나다.

원래 증류소들은 대부분 블렌디드위스키에 원주를 공급하려고 몰트위스키 원주를 생산했다. 요즘은 싱글 몰트위스키도 많이 마시지만 옛날에는 공식적으로 출시하지 않는 경우도 많았다. 지금도 블렌디드위스키 재료로 몰트위스키 원주를 생산하는 증류소가 있다.

예를 들어 발렌타인의 키몰트인 글렌버기, 밀턴더프, 글렌토커스는 공식 제품을 거의 출시하지 않는 증류소다.

올드 보틀을 찾는 즐거움

블렌디드위스키라고 하면 저렴하다는 이미지가 있을지 모르지만 '발렌타인 30년'처럼 고가 제품도 있다. 다시 말해 폭넓은 제품군이 매력인 셈이다.

유통량도 싱글 몰트위스키와 비교하면 매우 많다. 그래서 잘 찾아보면 이른바 올드 보틀 도 저렴하게 즐길 수 있다.

1980년대 이후는 세계적으로 위스키가 팔리지 않던 시대였다. 원주 재고가 많아 어떻게 든 소비해야 했고, 그래서 장기숙성된 원주를 저렴한 블렌디드 스카치위스키에 사용했다 는 이야기도 있다. 지금은 이러한 올드 보틀을 구입하여 그 위스키의 역사와 당시의 시대 배경을 살펴보는 것도 위스키를 즐기는 좋은 방법 중 하나다(위 사진은 유통량이 많았던 대표 적인 올드 보틀).

손쉽게 숙성할 수 있다?
오크통 플레이버 사용해보기

5분 후	희미하게 색이 우러나왔다. 원래 투명한 것과 비교하면 크게 차이가 난다.
24시간 후	색이 많이 우러나왔다. 아직 알코올감이 강하지만 단맛이 더해지고 있다.
3일 후	색은 더 진해졌다. 뉴메이크 스피릿의 네거티브한 요소들이 진정되었다.
5일 후	2일째에 비해 2배 이상 달콤해졌고 향은 아직 스모키함이 두드러졌지만 이대로도 완성형이라 볼 수 있었다.
7일 후	곡물감이 억제되고 피트 향에 바닐라 향이 더해져 위스키라고 불러도 손색 없다.

집에서 쉽게 위스키를 숙성한다는 오크통 플레이버(오크 스틱)를 사용해 보았다. 하루만 담가둬도 소재의 향을 느낄 수 있다.

시험용 '뉴메이크 스피릿(new make spirit)'은 나가하만 증류소의 제품. 뉴메이크 스피릿이란 오크통에서 숙성하기 전의 위스키로, 투명하고 숙성통의 요소는 아무것도 느낄 수 없다.

플레이버 스틱의 제조사는 아리아케 산업. 아메리칸 화이트 오크, 산벚나무(야마자쿠라), 물참나무(미즈나라)의 3종인데 아메리칸 화이트 오크를 사용했다. 이것을 그냥 뉴메이크 스피릿에 넣어두면 된다.

숙성 경과의 결론부터 말하면, 대체로 5일째에 나름 완성된 듯한 맛을 냈다. 뉴메이크 스피릿 특유의 거친 피트감이 누그러지면서 처음에 비해 2배 이상 달콤해졌다. 조금씩 색이 돌며 스

모키함도 누그러지고 바닐라 향이 강해졌다. 맛도 아메리칸 오크 캐스크 특유의 맛을 느낄 수 있었다. 이 오크통 플레이버를 머들러처럼 쓰면 즉석에서 향을 즐길 수 있다. 많이 사용하면 풍미가 약해지지만 표면을 깎아서 태우니 다시 효과가 돌아왔다.

오크통 플레이버로 나만의 위스키 맛을 찾는 것도 재미있을 것 같다.

초보자 필독!

블렌디드 스카치위스키 순위

1위 시바스 리갈 미즈나라 12년 [305표]

DATA
40% / 700mL / 시바스 브라더스

시청자 댓글

- 시바스 리갈 미즈나라를 마시고 위스키에 빠졌어요!
- 개성이 강하지 않아 초보자도 마시기 쉽습니다.
- 유일하게 마시는 블렌디드 스카치위스키입니다. 특히 하이볼이 맛있어요! 원래 위스키를 싫어했는데 이제 이 술 없으면 못 살아요.
- 물참나무 캐스크의 여운이 위스키에 빠지는 계기가 되었어요. 의외로 구하기 쉬워서 추천합니다.
- 물참나무 캐스크가 궁금해서 샀는데 달콤하고 마시기 편해서 위스키에 점점 빠져들었어요.

> **필자 코멘트!**
> 개인적으로 의외였다. 좋은 술이지만 이렇게 1위를 차지할 거라고 생각지 못했다. 나와 세상의 인식 차이를 느꼈다.

2위 조니워커 블랙라벨 [292표]

DATA
40% / 700mL / 디아지오

시청자 댓글

- 저렴해서 좋아요. 질리지 않아서 주로 데일리 하이볼로 즐겨요.
- 스모키함도 있고 균형 잡힌 위스키.
- 집에서 마시기 최고. 2000엔대 초반에 살 수 있으며 스트레이트나 온 더 록, 하이볼 등 어떻게 마셔도 맛있어요.
- 블렌디드 스카치위스키를 말할 때 빠질 수 없는 제품. 균형감이 뛰어나 맛이 최고입니다. 위스키란 이런 것이구나를 느낄 수 있었어요.
- 독한 알코올 맛이 아니라 제대로 된 뒷맛과 피트 향을 즐길 수 있어요.
- 스모키함이 절묘하고 비교적 저렴해서 좋습니다.

> **필자 코멘트!**
> 부모님이 술집을 한 덕에 어쩌면 필자가 위스키 중에 가장 먼저 인식한 제품일 것이다. 라벨에 새겨진 스트라이딩 맨이 인상적이다.

[3위] 발렌타인 17년 [222표]

시청자 댓글

- 스카치위스키의 대표. 튀지 않는 신선한 단맛이 입안 가득 퍼지고 코끝으로는 화려한 향이 펼쳐집니다.
- 5000엔 전후로 이만큼 숙성감 넘치는 제품은 없다고 생각합니다.
- 블렌디드위스키 중에 가장 좋아해요. 바닐라의 달콤한 향에 행복해집니다.

DATA
40%
700mL
조지 발렌타인 앤 선

필자 코멘트!
셰리의 여운이 느껴져 과일 풍미가 있다. 좀 드라이한데 그게 또 매력적이다.

[5위] 발렌타인 12년 [138표]

시청자 댓글

- 스트레이트나 온 더 록으로 마시는 위스키의 출발선이라고 생각합니다.
- 하이볼, 트와이스 업, 스트레이트 등 어떤 식으로든 최고입니다. 가격도 적당해서 우리 집에서는 메인입니다.
- 마시기도 쉽고 맛볼 때마다 다른 향이 느껴져 재미있어요.

DATA
40%
700mL
조지 발렌타인 앤 선

필자 코멘트!
발렌타인 파이니스트에서 조금 업그레이드된 맛을 느낄 수 있어 좋다.

[4위] 티처스 하일랜드 크림 [180표]

시청자 댓글

- 스모키하면서 단맛도 나서 굉장히 좋습니다.
- 저렴하지만 수준 높은 피트 향과 뒷맛을 느낄 수 있어요. 저녁 반주로 최고입니다.
- 스모키한 위스키를 좋아하는데 가성비도 좋아서 데일리로 마셔요. 하이볼로 마셔도 향과 풍미를 잃지 않아서 훌륭합니다.

DATA
40%
700mL
산토리

필자 코멘트!
최고의 가성비! 스모키한 위스키를 좋아하는 사람들에게 특히 사랑받는 위스키다.

[6위] 발렌타인 파이니스트 [136표]

시청자 댓글

- 같은 가격대에 경쟁할 만한 제품이 없습니다.
- 너무 맛있어요. 가성비가 좋은 정도가 아니라 반칙 수준!
- 위스키가 이렇게 맛있는 술인 줄 몰랐습니다. 충격받았습니다.
- 위스키에 빠진 계기였습니다.
- 가성비를 따라올 제품은 없다고 생각해요.

DATA
40%
700mL
조지 발렌타인 앤 선

필자 코멘트!
스카치위스키 세계 2위 판매량을 자랑하는 발렌타인 시리즈의 입문용 제품이다.

7위 시바스 리갈 12년 [117표]

시청자 댓글
- 초보자에게도 추천할 수 있어요.
- 하이볼로 마시면 상쾌하고 맛있어요.
- 싸고 맛있어서 데일리 위스키로 삼았어요.
- 술술 넘어가는 맛. 아버지가 좋아하셨는데 이제는 함께 마셔요!

DATA
40%
700mL
시바스 브라더스

필자 코멘트!
사과와 꿀이 떠오르는 맛이 인기 비결. 숙성감에서 오는 부드러운 여운이 특징이다.

9위 올드파 12년 [97표]

시청자 댓글
- 위스키의 맛에 눈뜨게 해준 술입니다.
- 처음 마셔본 위스키! 맛있는 위스키는 많지만 27년 동안 항상 좋아합니다.
- 올드파 12년의 감칠맛은 식사와 잘 어울립니다. 어떻게 마셔도 맛있는 다재다능함이 매력.

DATA
40%
750mL
맥도널드 그린리스

필자 코멘트!
올드파의 가장 스테디셀러인 제품. 과거 일본에서는 고급 스카치위스키의 대명사이기도 했다.

8위 듀어스 12년 [98표]

시청자 댓글
- 블렌디드 스카치위스키의 장점을 즐길 수 있습니다.
- 가성비가 너무 좋아요! 위스키를 잘 마시지 않는 가족에게 하이볼을 만들어줬더니 향기에 놀랐습니다.
- 듀어스 12년으로 만든 하프록은 누구나 마시기 좋은 맛.
- 견과류와 바닐라의 향이 좋고 숙성감이 좋습니다.

DATA
40%
700mL
존 듀어스 앤 선즈

필자 코멘트!
최근 몇 년간 인기 급상승한 제품. 스카치위스키를 대표하는 잘 균형 잡힌 맛이 인기 비결이다.

10위 화이트호스 파인 올드 [93표]

시청자 댓글
- 화이트호스는 생활의 일부.
- 하이볼로 마시면 좋아요. 가성비도 훌륭하고 약간 스모키함이 포인트입니다.
- 물을 많이 타도 특징이 살아있습니다. 그래서 알코올감을 싫어하는 사람도 맛있게 마실 수 있어요.
- 이자카야의 하이볼로 익숙한 맛입니다.

DATA
40%
700mL
디아지오

필자 코멘트!
키몰트로 사용하는 라가불린 증류소 특유의 스모키함을 느낄 수 있다.

11위 듀어스 화이트라벨 [90표]

깔끔하고 마시기 좋아 데일리로 마셔요. / 마실 때 거북함이 없어요. 술이 약한 사람에게도 추천할 수 있어요.

12위 커티 샥 [86표]

저렴한 가격대의 위스키 중 유일하게 쟁여놓는 술입니다. / 싸고 마시기 편하고 많이 마셔도 부담 없어요.

13위 조니워커 레드라벨 [65표]

저렴하게 구할 수 있고 맛도 좋아합니다. / 위스키를 전혀 모를 때 마시고 향과 맛에 충격받았어요.

14위 시바스 리갈 18년 [63표]

좀 사치스럽고 싶을 때 마셔요. / 과일 향과 맛이 있고 알코올감이 적어 마시기 좋습니다. 18년인데도 가성비가 좋아서 자주 마십니다.

15위 벨즈 [54표]

저렴하면서도 꽤 깊이 있는 스모키함을 맛볼 수 있습니다. / 블렌디드는 보통 가벼운 것이 많지만 벨즈는 중후하고 묵직한 인상입니다.

16위 시바스 리갈 18년 미즈나라 캐스크 피니시 [53표]

스트레이트, 미즈와리, 하이볼 등 다 맛있었습니다. / 아일러섬의 스모키한 위스키를 좋아해서 잘 맞아요.

17위 조니워커 더블블랙 [50표]

생각보다 몇 배나 더 스모키해서 놀랐습니다. / 피트가 강해요. 기본적으로 조니워커 블랙의 느낌이 나면서 탈리스커와 같은 피트감을 원한다면 추천합니다.

18위 발렌타인 21년 [43표]

맛이 아주 세련됐어요. / 대학 시절 친구들과 함께 마셨던 추억의 제품. 제가 위스키에 빠지게 된 계기가 바로 이 술입니다.

19위 화이트호스 12년 [36표]

적당한 피트감으로 스트레이트, 하이볼 모두 즐길 수 있습니다. / 음식과 함께 스트레이트로 마셔도 좋아요. 안정된 맛이에요.

19위 페이머스 그라우스 [36표]

단맛과 셰리감이 강해서 일반적인 하이볼과는 또 다른 맛이 있어요. / 이 술로 만든 하이볼이 너무 좋아요.

21위 화이트 앤 맥케이 트리플 머처드 [21표]

가격 이상의 부드러움과 풍성함. 블렌더의 실력이 대단하네요. / 저렴한 가격대치고는 셰리감이 훌륭합니다.

22위 올드파 슈페리어 [19표]

비싸지만 납득할 만한 맛입니다. / 고급스러운 맛을 즐길 수 있습니다. 병도 예뻐서 보고만 있어도 좋아요.

23위 조니워커 18년 [18표]

너무 만족스럽습니다. / 너무 부드러워 금방 익숙해집니다. 은은한 피트 향이 기분 좋게 해줘요.

23위 VAT69 [18표]

저렴하지만 하이볼로 마시기 좋아요. / 드라마 〈밴드 오브 브라더스〉에 나오는 술이라서 마셔봤는데 가성비 좋아요.

25위 블랙 앤 화이트 [15표]

달콤한 향, 적당한 피트, 위스키다운 풍미. 이상적인 균형을 보여줍니다. / 저렴한 가격에 마시기 편안한 위스키. 초보자에게도 추천합니다.

26위 블랙 보틀 [14표]

스모키하지만 균형감이 좋아요! 하이볼에 최고입니다. / 주로 온 더 록, 하이볼로 마시는데 피트의 균형이 뛰어납니다.

26위 조니워커 골드라벨 리저브 [14표]

개인적으로 조니워커 시리즈 중에 가장 마시기 좋은 것 같습니다. / 레드나 블랙보다는 확실히 업그레이드된 맛이네요.

28위 듀어스 15년 [13표]

12년이 입에 맞지 않아서 망설이다가 15년을 사봤는데 만족합니다. / 트로피컬한 풍미와 플로럴함이 좋아요!

28위 클레이모어 [13표]

약간 호불호가 있을 수도 있고 스모키함도 있어요. 어쨌든 저렴해서 데일리로 마셔요. / 달콤한 위스키가 마시고 싶다면 선택하시라. 향도 좋아요.

30위 롱 존 [12표]

가격이 저렴해서 늘 마셔요. 제법 스모키해서 좋아요. / 가성비가 장점. 하이볼로 마시기 좋습니다.

싱글 몰트위스키란?

하나의 증류소　　　**보리맥아**

싱글몰트의 '싱글'은 하나의 증류소라는 뜻이며 하나의 캐스크라는 뜻은 아니다. 두 곳의 증류소에서 만들어진 몰트위스키 원주를 혼합하면 싱글몰트가 아니다.

예시)

= 10년으로 표기

연수 표기에 10년 숙성이라고 쓰여 있으면 일반적으로 10년 이상 숙성시킨 원주가 들어 있다는 의미이며 연수 표기를 하지 않는 제품도 있다.

보틀의 연수 표기는 최저 숙성연수

앞서 설명했듯이 1곳의 증류소에서 만들어진 몰트위스키가 싱글 몰트위스키다.

좀 더 구체적으로 이야기하면, 하나의 증류소에는 매년 많은 수의 캐스크에 위스키를 숙성하므로 엄청난 수의 캐스크가 존재한다. 일반적으로 이들 캐스크의 원주를 블렌딩해서 위스키를 제조한다.

이때 **10년 숙성 캐스크, 12년 숙성 캐스크, 15년 숙성 캐스크를 모두 혼합해서 하나의 위스키 제품을 만들었다면 라벨에는 최저 숙성연수인 10년을 표기**한다(연수를 표기하지 않는 경우도 있음). 예를 들어 '글렌피딕 12년'은 12년간 숙성한 캐스크의 위스키만 섞은 것이 아니라 12년 이상 숙성된 몰트위스키 원주를 혼합한 것이다. 그래서 어쩌면 20년 이상 숙성된 원주가 사용되었을지도 모른다.

그리고 **연수 표기 없이 논에이지라고 불리는 제품(NAS)도 있다.** 일본 제품에 특히 많은데 기본적으로 숙성연수가 짧은 원주를 많이 사용하기 때문일지도 모른다.

숙성연수를 표기하지 않으면 원주의 숙성연수에 제한이 없어지므로 보다 자유롭게 원주를 선택할 수 있다는 장점이 있다. 참고로 **연수 표기가 없지만 숙성감을 제대로 느낄 수 있는 싱글 몰트위스키도 많고 고급 제품도 많다.**

보통 공식 제품에는 연수를 표기하지만, 연수 표기 없이 그 위스키의 특징을 표기하는 경우도 많다. 예를 들어 라프로익이라면 '라프로익 셀렉트' 등 부제가 붙는 식이다.

캐스크로 개성을 표현하는 스카치위스키

이번에는 캐스크 이야기를 해보자. 예를 들어 '글렌피딕 12년'과 '글렌피딕 18년'은 숙성연수만 다른 것이 아니다. 캐스크의 종류가 달라서 사용하는 원주의 종류도 다르다. 그러니까 12년을 좋아한다고 해서 18년도 좋아하리라는 보장을 할 수 없다. '글렌피딕 12년' 제품을 6년 더 숙성한다고 '글렌피딕 18년'이 되지 않는다. 캐스크가 다르면 블렌드 내용도 바뀌기 때문이다.

또 캐스크는 숙성 횟수에 따라 퍼스트 필, 세컨드필 등 호칭이 바뀐다(두 번 이상 사용한 캐스크를 리필이라고 함). 퍼스트필은 스카치위스키를 숙성하는 데 사용한 적이 없는 캐스크를 말한다. 물론 그 전에 셰리나 버번위스키를 담아두었지만 스카치위스키를 넣는 것은 처음이라는 의미다. 그래서 퍼스트필은 캐스크의 개성이 강하게 표현된다. 다만 그렇다고 해서 퍼스트필이 더 좋다고 단정할 수 없다.

예를 들어 '더 글렌리벳 12년'에 사용되는 캐스크의 구성은 매우 복잡한데, 퍼스트필 외에 세컨드필이나 서드필의 원주를 블렌딩하여 가장 좋은 밸런스가 되도록 조정한다.

개성이 너무 강할 때는 다른 제품으로 별도 출시하기도 한다.

글렌피딕 12년과 글렌피딕 18년은 숙성 방법 및 원주의 종류가 다르다.

글렌피딕 12년
아메리칸 오크 캐스크와 유러피언 오크의 셰리 캐스크에서 최소 12년간 정성스럽게 숙성시킨 후 추가로 후숙했다.

글렌피딕 18년
최소 18년 숙성된 스패니시 올로로소 셰리 캐스크의 원주와 아메리칸 오크 캐스크의 원주를 엄선하여 블렌딩했다. 그리고 그 후 최소 3개월간 후숙했다.

글렌피딕 12년을 더 숙성한다고 해서
글렌피딕 18년이 되는 것은 아니다.

길수록 좋은 숙성연수?

일반적으로 숙성연수가 길면 맛있다고 생각하는데 이는 오해다. 여기 '글렌고인 10년'과 '글렌고인 21년'을 예로 들어 살펴보자. '글렌고인 10년'과 '글렌고인 21년'은 숙성연수가 많이 다르지만 사람마다 취향이 갈린다. '글렌고인 10년'은 퍼스트필 캐스크 30%, 리필 캐스크 70% 비율로 블렌딩하여 캐스크의 개성이 지나치게 드러나는 것을 막았다. 반면에 '글렌고인 21년'은 퍼스트필인 유러피언 오크 셰리 캐스크를 100% 사용한 제품이다.

글렌고인 10년과 글렌고인 21년. 숙성연수가 많이 다르지만 취향은 갈린다.

그래서 보통 10년은 마시기 편하고 21년은 개성이 강하다고 느끼는 사람이 많다. 맛은 사람에 따라 취향이 다르므로 **연수 표기만으로 판단할 수는 없다.** 연수 표기만 보고 '글렌고인 10년'의 상위 제품이 '글렌고인 21년'이라고 생각하지 말자. 궁금하다면 둘 다 마셔보고 취향에 맞는 맛을 찾아보자.

물론 두 제품은 공통점도 많다. 같은 증류소에서 만들어진 위스키라면 증류 설비나 원료의 종류 등이 같은 경우가 많아서 연수 차이로 비교하면서 맛의 미묘한 차이를 찾아보는 것도 위스키를 즐기는 방법의 하나다.

싱글 몰트위스키는 캐스크나 블렌드 차이를 알기 쉽게 명기하는 경우가 많다. 그 위스키의 배경을 상상하며 마시면 싱글 몰트위스키를 마시는 즐거움이 배가 될 것이다.

더 글렌리벳 12년은 일정한 맛을 내기 위해 다양한 캐스크를 블렌딩한다.

초보자를 위한
블렌디드 몰트위스키 추천과 해설

스테디셀러로 인기 높은 블렌디드
몰트위스키, 조니워커 그린라벨 15년

'퓨어 몰트'가 금지인 이유

여러 증류소의 몰트위스키 원주를 섞은 것이 블렌디드 몰트위스키다. 그레인위스키를 혼합하지 않은 보리 맥아 100% 위스키다.

일본의 대표 제품은 '타케츠루 퓨어 몰트'다. 일본에서만 퓨어 몰트(pure malt)라는 표현을 쓰는 건 아니다. 옛날에 '카듀 12년'이라는 싱글 몰트위스키가 큰 인기를 끌면서 원주가 부족해진 적이 있다. 그때 다른 증류소 원주를 블렌딩해 '카듀 12년 퓨어 몰트'라는 이름으로 출시했다. 하지만 구매자들이 혼동을 일으켰고, 이 표현은 사용되지 않게 되었다. 그 후 새로 나온 용어가 '배티드 몰트(vatted malt)'. '싱글 몰트위스키도 여러 캐스크를 혼합(vatting)하는 것이 일반적'이라 **구분하기 어렵다**는 논란이 일어 쓰지 않게 되었다. 지금은 스카치위스키를 정의할 때 정식으로 표기를 금한다. 1980년대에 유통된 싱글 몰트위스키 중에는 퓨어 몰트라고 표기된 제품이 많았는데 이는 맥아만으로 만든 순수한 몰트라는 의미로 사용했을 뿐이며 대부분은 싱글 몰트위스키다.

주요 제품은?

니카 위스키의 '타케츠루 퓨어 몰트', '니카 세션' 외에 '퓨어 몰트 레드'와 '퓨어 몰트 블랙'. **전자는 미야기교 원주 바탕에 요이치 원주를 혼합한 제품이고 후자는 그 반대다.** 치치부 증류소의 '미즈나라 우드 리저브', '더블 디스틸러리즈', '와인 우드 리저브', 나가하마 증류소의 아마하간 시리즈 등도 스테디셀러. 스카치위스키 중에는 '조니워커 그린라벨 15년', '발렌타인 12년 블렌디드 몰트', 아일러섬의 몰트위스키만 블렌딩한 빅 피트 등 개성 있는 제품도 많고, 컴퍼스 박스처럼 블렌디드 몰트위스키를 출시하는 독립병입자(증류소에서 원액이 담긴 캐스크를 구입해 독자적으로 숙성시키고 병입한 제품을 출시하는 업체)도 있다.

3000명이 선정한
싱글 몰트위스키 순위

1위 산토리 하쿠슈 [722표]

DATA
43% / 700mL / 하쿠슈 증류소

시청자 댓글

- 풋사과 느낌의 청량감이 있고 숲속에서 지친 몸을 재충전하는 기분이
  듭니다. 재패니즈 위스키 중에 가장 본래 콘셉트와 일치하는 제품인 듯
  합니다.
- 풋사과 느낌이 좋아서 온 더 록이나 하이볼로 즐겨 마십니다. 위스키 경
  험이 적은 사람에게 추천하기 좋은 위스키입니다.
- 하쿠슈 하이볼은 정말 대체 불가의 맛이죠. 다른 위스키가 지니지 못한
  압도적인 상쾌함이 있어 숲속의 청량함을 느낄 수 있어요.
- 하쿠슈는 하이볼로 만들어 식사 때 반주로 마시면 너무 행복합니다.

필자 코멘트!

역시 당당한 1위! 버번 캐스크 원주를 바탕으로 블렌딩했다. 어떻게 마셔도 만
족감을 준다. 최근에는 미니어처도 판매해서 접근성이 좋아졌다.

2위 아드벡 10년 [536표]

DATA
46% / 700mL / 아드벡 증류소

시청자 댓글

- 달콤한 여운과 강렬한 피트가 절묘. 세계적으로 아드벡 팬이 많은 이유
  를 알겠네요. 개성이 강하지만 균형감이 좋아 꼭 마셔봐야 해요.
- 아일러섬 특유의 피트가 강하지만 달콤함도 있어 스트레이트로 맛봐도
  좋고 하이볼로 마셔도 좋습니다. 특히 훈제 향과 해산물의 조합이 좋아
  마리아주(술과 어울리는 음식 조합)로 즐기기에도 좋은 술입니다.
- 피트 향이라기보다는 훈제 향에 가까운 스모키함이 확 다가와요. 혀가
  따끔거릴 만큼의 타격감을 시작으로 과일 향과 단맛이 밀려오고 뒷맛으
  로 몇 분 동안 스모키함이 코와 입에 가득 남습니다.

필자 코멘트!

아드벡 하면 10년! 10년 이상 숙성한 버번 캐스크 원주를 블렌딩한 입문용 제
품으로 인기가 많다. 열광적인 아드벡 팬들을 '아드벡 갱'이라고 한다.

3위 산토리 야마자키 [446표]

시청자 댓글

- 트와이스 업으로 한잔하면 더없이 행복합니다.
- 재패니즈 싱글 몰트위스키 중 최고. 정가로 구하기 힘들지만 구할 수 있다면 바로 살 겁니다.
- 몰트의 단맛이 강하고 묵직한 느낌이지만 부드러워서 마시기 좋습니다. 미즈와리는 일식과 잘 어울려요.

DATA
43%
700mL
야마자키 증류소

필자 코멘트!
물참나무 캐스크의 원주를 비롯해서 와인 캐스크의 원주를 사용하는 것이 특징이다.

5위 라프로익 10년 [402표]

시청자 댓글

- 내일부터 수돗물을 틀면 라프로익이 나왔으면 좋겠습니다.
- 마셨을 때는 항상 '최고야! 근데 당분간 안 마셔야지'라고 생각해도 2~3일 지나면 다시 마시고 싶어집니다.
- 무인도에 뭐든 딱 3개만 가지고 갈 수 있다면 라프로익 10년 3병을 가져갈 겁니다.

DATA
43%
750mL
라프로익 증류소

필자 코멘트!
사실 현재 필자의 가게에서 가장 주문이 많은 인기 싱글 몰트위스키 중 하나다!

4위 탈리스커 10년 [426표]

시청자 댓글

- 아일라섬의 위스키와는 다른 피트 향으로 바다 향과 단맛의 균형이 좋습니다.
- 짭조름하면서도 달콤한 과일 느낌이 기분 좋아요. 맛이 좀 충격적이었지만 섬세한 단맛이 좋았어요.
- 바다의 향기와 달콤함, 스모키함의 균형이 최고, 하이볼 맛도 각별합니다.

DATA
45.8%
700mL
탈리스커 증류소

필자 코멘트!
짠 바다 느낌 속에 스모키함이 있어 호불호가 갈리지만 빠지면 헤어날 수 없다.

6위 싱글몰트 요이치 [376표]

시청자 댓글

- 세계에서도 드문 '석탄 직화 증류'로 만든 위스키는 매우 귀중하다. 은은한 스모키함과 단 과일 향이 매력.
- 어떻게 마시든 개성을 잃지 않아요.
- 위스키 초보자로 싱글 몰트위스키는 별로 마시지 않았지만 하쿠슈와 요이치는 상쾌하고 맛있습니다.

DATA
45%
700mL
요이치 증류소

필자 코멘트!
피트의 단단하고 묵직한 주질과 함께 과일 향미를 느낄 수 있다.

7위 라가불린 16년 [374표]

시청자 댓글

- 몇 번이고 입안을 맴도는 복잡한 맛이 최고. 컨디션에 따라 다른 맛을 느낄 수 있어 재미있고, 고급스러운 맛의 위스키를 비교적 저렴하게 즐길 수 있어서 좋아요.
- 다른 아일러섬 몰트위스키와는 차별화된 존재감. 식후에 차분히 스트레이트로 즐기고 싶습니다.
- 너무 훌륭합니다.

DATA
43%
700mL
라가불린 증류소

필자 코멘트!
'아일러의 거인'으로 불리며 묵직한 맛을 자랑하는 위스키다.

9위 아란 10년 [276표]

시청자 댓글

- 버번 캐스크의 시트러스함이 베이스이지만 셰리 캐스크의 달콤하게 익은 과일 느낌도 있어요. 가성비도 뛰어납니다. 스트레이트든 하이볼이든 맛있습니다.
- 개인적으로 아란은 스트레이트가 맛있는 위스키입니다. 가성비도 최고입니다!

DATA
46%
700mL
아란 증류소

필자 코멘트!
한때 품귀현상을 빚을 정도로 인기가 높았다. 병 디자인도 특이해서 인기에 한몫하고 있다.

8위 보모어 12년 [281표]

시청자 댓글

- 이 위스키를 마시고 아일러 계열에 빠졌습니다. 지금은 꼭 집에 쟁여두고 마셔요.
- 향, 맛, 피트감, 가성비, 어느 것 하나 빠지지 않아요!
- 아일러섬 위스키 입문이라고 소개되어 있어서 마셔봤는데 모닥불을 마시는 듯한 스모키함에 놀랐습니다.

DATA
40%
700mL
보모어 증류소

필자 코멘트!
아일러섬 몰트위스키의 대표 중 하나. 드라이한 스모키함과 고급스러운 과일 향미의 절묘한 융합.

10위 글렌피딕 12년 [256표]

시청자 댓글

- 특히 마음에 드는 위스키입니다. 막 시작한 사람에게도 추천할 수 있는 맛과 가격대.
- 스카치위스키의 향과 맛을 즐길 수 있으며 밸런스와 가성비가 좋습니다.
- 12년 숙성을 3000엔 정도로 구할 수 있어 좋아요. 서양배 같은 과일 맛이 개인적으로는 최고라고 생각합니다.

DATA
40%
700mL
글렌피딕 증류소

필자 코멘트!
세계에서 가장 잘 팔리는 싱글몰트 스카치위스키다. 특유의 싱그러운 맛을 자랑한다.

11위 더 글렌리벳 12년 [252표]

몇 잔이라도 꿀꺽꿀꺽 마실 수 있을 것 같은 하이볼이 최고입니다. / 싱글 몰트위스키에 입문하게 된 계기였습니다. 지금도 가장 맛있습니다.

12위 글렌드로낙 12년 [244표]

단맛과 신맛, 떫은맛도 느껴져서 처음 마셨을 때부터 대단하다고 생각했습니다. / 아린 맛도 거의 없고 고급스러운 달콤함과 향이 매우 좋아요.

13위 글렌모렌지 10년 [224표]

스트레이트, 온 더 록, 하이볼 뭐든지 맛있어요! / 가장 좋아해요. 상큼하며 기분 좋은 달콤함에 감동이에요.

14위 맥캘란 셰리 오크 12년 [220표]

셰리 캐스크 숙성을 좋아하는 사람에게는 최고의 위스키. 스트레이트든 온 더 록이든 고급스러운 맛이 최고예요. / 개인적으로는 종착지 같은 위스키입니다.

15위 클라이넬리시 14년 [206표]

달콤함과 상쾌함의 균형이 최고. 개인적으로는 하이볼로 마시면 최고입니다. / 처음 마셨을 때 무의식적으로 와! 하고 감탄사를 터뜨렸습니다.

16위 아란 셰리 캐스크 [182표]

아란은 셰리 캐스크를 잘 활용해요. / 펀치감이 있으면서도 진한 셰리의 달콤함이 입안 가득 퍼집니다.

17위 아드벡 우가달 [176표]

피트하면서도 달콤. 셰리와 스모키를 동시에 느낄 수 있습니다. 물을 한 방울 첨가하면 향이 제대로 피어납니다. / 몰트의 단맛과 피트 향의 균형이 절묘합니다.

18위 스프링뱅크 10년 [172표]

좋은 향을 뚫고 들어오는, 바닷바람을 연상시키는 맛이 독특합니다. / 이 증류소 위스키는 다 맛있습니다.

19위 하일랜드 파크 12년 바이킹 아너 [154표]

자꾸 손이 가서 다른 위스키를 맛볼 기회가 없어요. / 버섯을 연상시키는 달콤한 향미가 중독성 있습니다.

20위 글렌파클라스 105 [128표]

지금까지 마셔본 하이볼 중 단연코 최고. / 마시는 방식을 가리지는 않지만 역시 스트레이트가 최고네요.

21위 브룩라디 더 클래식 라디 [115표]

아일러 위스키가 피트만 좋은 게 아님을 알게 해줬습니다. / 부드러운 맛과 하이볼을 만들었을 때 피어오르는 풋사과 계열의 상쾌함이 참을 수 없이 좋아요.

22위 쿠일라 12년 [114표]

스모키함과 은은한 소금기. 남성미 물씬 풍기는 바다의 거친 느낌을 주는 술입니다. / 저렴하고 맛도 좋고 구하기도 쉽습니다.

23위 싱글몰트 미야기쿄 [110표]

하이볼로 마시면 마치 사과 주스를 마시는 듯 상큼해요. / 너무 맛있어요. 스트레이트 추천합니다.

24위 포트샬롯 10년 [106표]

스모키함 속에 진득한 꿀맛이 너무나 매력적. / 고급스럽고 차분한 느낌으로 누구에게나 추천할 수 있어요.

25위 더 글렌리벳 18년 [104표]

달콤하고 진한 과일 향미에 떫은맛과 스파이시함도 느껴집니다. / 최고로 가성비 좋은 18년산. 스트레이트로 마시면 완성된 맛을 보여줍니다.

26위 킬호만 마키어베이 [92표]

아일러 특유의 피트 향과 너무 가볍지도 무겁지도 않은 균형 잡힌 맛을 느낄 수 있어요. / 평생 함께하고 싶어요.

27위 킬커란 12년 [89표]

5000엔 안팎의 가격대에서 가장 완성도가 높다고 생각합니다. / 이 위스키를 기준으로 취향을 찾으면 반드시 마음에 드는 '나의 위스키'를 만날 수 있을 겁니다.

28위 글렌파클라스 12년 [86표]

셰리 캐스크의 상큼한 풍미가 한껏 느껴지고 가격도 적당. / 맛 균형이 절묘해요. 개인적으로 빼놓을 수 없어요.

29위 글렌알라키 12년 [80표]

마시는 순간 그 진한 단맛에 놀랐습니다. / 싱글 몰트위스키를 마시기 시작한 지 1년 반 정도 됐는데 글렌알라키 12년은 충격적으로 맛있어요.

30위 달모어 12년 [72표]

어른의 술. 마실 때는 나도 모르게 자세를 고쳐 잡아요. / 부드럽고 말린 과일과 같은 단맛을 즐길 수 있습니다.

원료의 51% 이상이 옥수수

버번위스키를 정의할 때는 옥수수 비율이 가장 중요하다. 그래서 옥수수의 풍미가 버번위스키의 주요 특징 중 하나다.

내부를 태운 새 오크통으로 숙성

내부를 태운 새 오크통에서 숙성하는 것도 버번위스키의 특징 중 하나다. 오크통 내부를 태우면 바닐라 향과 같은 독특한 풍미를 낼 수 있다. 또한 원주의 나쁜 성분도 흡착해준다.

기타 정의 그밖에 미국 연방 규정에 따라 다음과 같이 정의된다.

- 미국에서 제조된 것.
- 80% 이하의 도수로 증류된 것.
- 숙성 캐스크에 넣기 전의 알코올 도수가 62.5% 이하인 것.
- 제품으로 병입할 때 알코올 도수가 40% 이상인 것.

아메리칸 위스키 중 가장 유명한 버번위스키

아메리칸 위스키는 미국에서 만들어지는 위스키의 총칭이다. 위스키는 증류주이기 때문에 기본적으로 증류소가 필요한데 미국에는 약 2000곳의 증류소가 있다.

아메리칸 위스키로 분류되는 위스키 종류 중에는 '버번위스키'가 가장 유명하다. 버번위

우드포드 리저브의
매시빌은 옥수수 72%,
호밀 18%, 보리 10%.

메이커스 마크의
매시빌은 옥수수 70%,
겨울 밀 16%, 보리 14%.

우드포드 리저브와 메이커스 마크의 매시빌을 비교
하면, 메이커스 마크는 호밀 대신 겨울 밀을 사용한
다. 메이커스 마크 고유의 단맛은 겨울 밀 덕분일지도
모른다.

4가지 곡물을 사용한
위스키도 있다

옥수수, 호밀, 밀, 보리 등 4가지 곡물이 사
용한 위스키도 있다. 예를 들면 '우드포드
리저브 포그레인'이다. 포그레인(four grain)
은 4개의 곡물을 사용하고 있다는 뜻이다.
그 밖에 유명한 제품으로 '유니온호스 롤링
스탠더드 포그레인' 등이 있다.

스키를 정의할 때 가장 중요한 요건은 ①**원료
의 51% 이상이 옥수수일 것**과 ②**숙성은 내부
를 태운 새 오크통을 사용할 것**이다. 최소한
이 두 가지만 기억하면 된다.

스카치나 재패니즈 위스키는 숙성할 때 이
전에 버번위스키나 셰리 와인을 숙성했던 캐
스크를 사용하는 것이 일반적이다. 그러나 **버
번위스키는 새로운 캐스크를 사용해야 한다.**
이 점을 기억해두면 버번위스키를 이해하는
데 도움이 된다.

그다음에는 원료인데 옥수수가 51% 이상
이라는 것은 다른 원료도 사용한다는 의미다.
**호밀, 보리, 밀 등의 곡물을 혼합하는데 이러
한 원료 구성 비율을 아메리칸 위스키에서는
'매시빌(mash bill)'**이라고 한다. 매시빌을 공
개하는 회사나 증류소도 있어 자신의 취향에
맞는지를 원료 비율로 가늠해볼 수도 있다.

물론 맛은 매시빌만으로 결정되지 않는다.
맛은 매시빌뿐만 아니라 증류 방법, 발효 과
정, 숙성 방법 등 다양한 요소에 영향을 받기
때문에 매시빌이 같아도 맛이 같을 수는 없
다. 참고로 버번위스키는 켄터키주에서 만들
어져야 한다고 착각하시는 분들도 많은데 조
건만 충족하면 미국 어디에서 만들어도 버번
위스키라 자칭할 수 있다. 다만 켄터키주에서
만들어지는 버번위스키에는 '켄터키 버번'이
라고 쓰여 있다. 어쩌면 버번위스키 중 90%
이상이 켄터키주에서 만들어지기 때문에 이
런 착각을 하는 것이 아닐까 싶다.

숙성 창고의 모습
미국에는 숙성할 때 캐스크를 30단 정도로 쌓는 증류소도 있다. 1년 숙성 시 위쪽 캐스크에서는 8~10%, 아래쪽 캐스크에서는 2~3% 정도 원주가 증발하기도 한다.

한 증류소에서 여러 제품을 만들기도

버번위스키는 **최저 숙성연수에 대한 규정이 없다.** 실제로 출시된 제품은 없지만 1개월이든 1주일이든 30초든 일단 캐스크에서 숙성 과정을 거치면 버번위스키로 명명하여 상품화할 수 있다. 그리고 캐스크도 사용한 적이 없는 새 오크통이라면 아메리칸 오크가 아니라도 상관없다. **다른 나라 오크라도 내부를 태운 새 오크통으로 숙성하면 버번위스키라는 이름을 사용**할 수 있다.

그런데 제일 잘 나가는 버번위스키는 짐빔이지만, 전체 아메리칸 위스키 중에서 가장 잘 나가는 건 잭 다니엘이다. 사실 잭 다니엘은 버번위스키가 아니라 테네시 위스키에 속하기 때문이다. 그렇다고 제조법에 큰 차이가 있는 것은 아니다. **미국 연방 규정에서는 테네시 위스키를 버번위스키의 하위 분류**로 보고 있다.

테네시 위스키

테네시 위스키가 버번위스키와 다른 점은 두 가지다. 먼저 테네시주에서 만들어야 하며 또 하나는 사탕단풍나무의 숯을 사용해서 숙성 전에 한 번 여과해야 한다는 것이다. 사탕단풍나무 숯으로 여과하면 맛이 부드러워진다. 이러한 차이가 잭 다니엘의 인기 비결인지도 모른다.

사탕단풍나무

다양한 버번을 만드는 증류소

짐빔 증류소
짐빔 외에 올드 그랜 대드, 올드 크로우, 부커스, 베이커스,
놉 크릭 등. 산토리가 소유.

버팔로 트레이스 증류소
버팔로 트레이스 외에 이글레어, 조지 T 스택, E.H. 테일러,
사제락 등.

헤븐힐 증류소
헤븐힐 외에 에반 윌리엄스, 파이팅 콕, 일라이저 크레이그
등. 단일 증류소로서는 미국 생산량 1위.

그리고 버번위스키 증류소는 왼쪽 사
진처럼 **한 곳에서 다양한 제품을 생산하
는 경우가 많다.**

물론 하나의 제품만 만드는 증류소도
있다. 메이커스 마크와 와일드 터키, 잭
다니엘, 포어 로제스 등이다.

내가 좋아하는 제품이 어느 증류소에
서 만들어지는지 살펴보는 것도 재미있
을 것이다. 알고 보니 주로 마시던 버번
위스키들이 같은 증류소 제품인 경우도
있다.

아메리칸 위스키의 종류

아메리칸 위스키에는 버번위스키나 테네
시 위스키 이외에도 몇 가지 종류가 더
있으며 사용하는 원료와 제조법으로 나
눈다. 호밀이 주원료인 '라이위스키', 밀
이 주원료인 '휘트위스키', 보리가 주원료
인 '몰트위스키' 옥수수가 주원료인 '콘위
스키' 등이 있다.

기본 정의는 **해당 원료를 51% 이상 사
용해야** 하며 **내부를 태운 새 오크통에서
숙성해야** 한다는 것이다. 다만 **콘위스키
는 옥수수 사용량이 80% 이상이고 사용
했던 오크통 또는 내부를 태우지 않은 새
오크통에서 숙성해야** 한다고 정의한다.
최근에는 퀴노아나 기장으로 만든 아메
리칸 위스키도 출시되었다.

아메리칸 블렌디드위스키도 있는데 이
는 스트레이트 위스키 20% 이상에 다른

라이위스키

정의는 ①원료의 51% 이상이 호밀이다. ②내부를 태운 오크통에서 숙성한다. 템플턴 라이, 에즈라 브룩스 라이는 90% 이상 호밀을 사용해 스파이시한 맛이 특징이다.

휘트위스키

휘트=밀. ①정의는 원료의 51% 이상이 밀이다. ②내부를 태운 새 오크통에서 숙성한다. 대표 제품은 토포 휘트 위스키가 있다.

몰트위스키

정의는 ①원료의 51% 이상이 보리다. ②내부를 태운 새 오크통에서 숙성한다. 스코틀랜드의 몰트위스키는 원료로 보리맥아(몰트)를 100% 사용하기 때문에 아메리칸 위스키와 정의가 다르다.

콘위스키

정의는 ①원료의 80% 이상이 옥수수다. ②사용했던 오크통 또는 내부를 태우지 않는 새 오크통에서 숙성한다. 유명한 제품은 숙성 30일만에 출하하는 조지아 문과 2년 이상 숙성한 멜로우콘 등이 있다.

위스키 또는 스피릿을 섞은 것으로 '씨그램 세븐 크라운'이라는 제품이 잘 알려져 있다. 진저에일이나 콜라로 희석해서 마시는 방식이 인기다.

블렌디드 버번위스키도 있는데, 이는 스트레이트 버번위스키 50% 이상에 다른 위스키 또는 스피릿을 혼합한 것이다.

그뿐만 아니라 위스키에 꿀이나 홍차 등의 풍미를 첨가한 **플레이버드위스키**도 있다. 미국에서는 상당한 인기를 누리고 있으며 여러 회사가 앞다투어 플레이버드 위스키를 출시하고 있다.

아메리칸 싱글몰트란?

사실 미국에도 싱글몰트 스카치위스키와 같은 제조법으로 싱글 몰트위스키를 만드는 증류소가 많다. 웨스트랜드 증류소는 오리건백참나무라는 희귀한 나무를 숙성에 사용하기도 하고, '콜키건 싱글몰트'는 메스키트라는 나무의 칩을 이용해 맥아를 건조시키는 등 개성을 뽐내기도 한다.

버번위스키 용어

버번위스키에서 자주 사용되는 용어를 살펴보자.

먼저 **스트레이트(straight)**는 2년 이상 숙성하면 표기할 수 있다. 물론 '스트레이트 버번위스키=2년 숙성'은 아니며 2년 이상 숙성했다는 의미다. 예를 들어 '와일드 터키 8년'은 8년 이상 숙성한 스트레이트 버번위스키다.

다음으로 **싱글 배럴(single barrel)**은 하나의 캐스크 원주를 병입했다는 의미로 스카치의 '싱글 캐스크'와 같은 뜻이다. 그 밖에 적은 수의 캐스크를 혼합하여 하나의 제품을 만드는 것을 **스몰 배치(small batch)**라고 하며, 엄격한 조건하에 만들어졌음을 나타내는 보틀드 인 본드(Bottled in bond)라는 표기도 있다.

마지막으로 아메리칸 위스키와 스카치위스키의 '그레인위스키'에 대한 정의 차이다. 먼저 그레인위스키는 버번위스키처럼 오크통이나 원료에 대한 규정이 없다. 스코틀랜드(스카치위스키)의 그레인위스

싱글 배럴

하나의 캐스크 원주를 병에 담은 것. 그래서 캐스크에 따라 맛이 미묘하게 다를 수 있다. 병에 캐스크 번호가 표기되기도 한다.

스몰 배치

소수의 캐스크를 혼합하여 만드는 것. 필연적으로 소량생산이다. 그래서 한정품이 많고 비싼 제품도 많다.

보틀드 인 본드

미국의 스트레이트 위스키 중에 ①숙성 4년 이상, ②알코올 도수 50% 이상에서 병입, ③단일 증류소에서 단일 시즌(계절)에 증류한 원주, ④정부 감독의 보세창고에서 숙성한 것이라는 조건으로 제조된 위스키를 말한다. 잭 다니엘 보틀드 인 본드 등이 있다.

키는 밀을 사용하기도 한다. 하지만 스카치위스키 쪽에서 보면 버번위스키도 그레인위스키에 속한다고 할 수 있다.

아메리칸 위스키는 스카치위스키에 비해 가격이 저렴한 편이므로 그만큼 접근성이 좋은 제품이 많다. 꼭 한 번 마셔보기를 바란다.

초보자 필독! 1000명이 선정한
버번위스키 순위

1위 메이커스 마크 [192표]

시청자 댓글

- 메이커스 마크로 위스키의 늪에 빠졌습니다.
- 스트레이트로 단맛을 즐겨도 좋고 온 더 록도 균형감이 좋아요. 그냥 하이볼도 맛있고 오렌지필을 넣은 하이볼도 맛있어요. 어떤 식으로 마시든 부드럽고 달콤함을 즐길 수 있는 다재다능함이 매력적입니다.
- 위스키를 마시기 시작했을 때 버번위스키가 궁금해서 처음 샀던 제품. 외형이 특이해서 사봤는데 매우 맛있게 마셨어요. 이제는 스카치뿐만 아니라 버번위스키도 다양하게 마십니다.
- 여러 버번을 마셔봤지만 맛있다고 느낀 것은 메이커스 마크뿐이네요!

필자 코멘트!
원재료로 호밀이 아닌 겨울 밀을 사용해서인지 타 제품보다 부드럽고 달콤해 마시기 편하다. 숙성감도 있고 하이볼로 마셔도 고유의 맛이 손상되지 않는다.

DATA
45% / 700mL / 메이커스 마크 증류소

2위 와일드 터키 8년 [173표]

시청자 댓글

- 대학생 때부터 줄곧 마셔왔어요. 마시는 방식에 구애받지 않을 뿐만 아니라 인지도도 뛰어나서 친구들과 함께 마실 때 꺼내기 좋습니다.
- 단맛 이외에 스파이시함도 느껴져요. 도수가 높아도 마시기 쉬워요.
- 거친 타격감과 함께 폭발적인 바닐라 향이 매력이라고 생각합니다.
- 물을 섞거나 온 더 록으로 마시면 캐러멜, 바닐라, 초콜릿의 풍미가 단번에 퍼져 편안한 밤이나 휴일에 마시기 딱 좋아요. 견과류나 육포와 함께 여유롭게 마실 때가 최고입니다.
- 13년 등도 마셔봤지만 8년이 제일 좋아요. 스파이시하고 맛있어요.

필자 코멘트!
알코올 도수 50.5%의 깊고 거친 맛에 사로잡힌 오래된 팬들이 많다. 와일드 터키는 종류도 다양해서 비교 시음해보기를 추천한다.

DATA
50.5% / 700mL / 와일드 터키 증류소

3위 부커스 [105표]

시청자 댓글

- 세련된 완성도에 놀랐어요. 밸런스가 좋아 완벽한 버번 위스키라고 생각합니다.
- 이렇게 맛있는 술도 있구나 하고 감동했습니다. 제일 좋아하는 위스키예요.
- 처음에는 도수가 높아 두려웠지만 생각보다 알코올감이 크게 오지 않아요.

DATA
63.7%
750mL
빔산토리

필자 코멘트!
짐빔의 6대 마스터 디스틸러 부커 노가 파티에서 지인들을 위해 만들었다가 제품으로 출시했다.

5위 올드 그랜 대드 114 [88표]

시청자 댓글

- 고도수를 자랑하지만 알코올감을 감추는 부드러움이 매력입니다.
- 가성비 최고. 스트레이트는 아직 힘들지만 입문자는 하이볼이나 트와이스 업으로 마시기 좋아요.
- 파워풀한 맛과 스펙을 고려하면 저렴한 가격이라고 생각합니다.

DATA
57%
750mL
빔산토리

필자 코멘트!
후추같이 스파이시한 풍미. 도수도 높지만 감칠맛도 그만큼 응축되어 있다.

4위 I.W. 하퍼 골드 메달 [99표]

시청자 댓글

- 초보자로서 가장 맛있게 마신 버번위스키예요. 버번의 전형적인 맛이라고 생각해요.
- 호불호가 적고 버번의 맛있는 부분만 잘 잡은 듯합니다. 질리지 않고 계속 마실 수 있는 맛입니다.
- 하퍼 소다가 맛있습니다. 부드럽고 달콤해서 얼마든지 마실 수 있어요.

DATA
40%
700mL
I.W. 하퍼 디스틸링 컴퍼니

필자 코멘트!
하퍼로 만든 하이볼인 '하퍼 소다'는 명불허전! 호불호가 없어 마시기 좋은 위스키다.

6위 블랑톤 [86표]

시청자 댓글

- 병이 예뻐서 사봤는데 너무 맛있어서 놀랐습니다. 제일 좋아하는 버번입니다.
- 한 모금 마시고 바로 그 힘에 놀랐습니다. 하드록을 들을 때 마시고 싶어집니다.
- 마시고 경악했습니다. 깊고 진하지만 순한 느낌도 들어요. 이 경악스러움을 넘어서는 술을 만나지 못했어요.

DATA
46.5%
750mL
블랑톤 디스틸링 컴퍼니

필자 코멘트!
향기롭고 진한 맛은 그야말로 최고다. 싱글 배럴로 만들어진 엄선된 버번위스키다.

7위 버팔로 트레이스 [82표]

시청자 댓글

- 바닐라 향이 강한 편. 저렴
하지만 비싼 위스키 못지
않은 맛이 납니다.
- 라벨이나 이름과는 상반되
는 달콤함과 부드러운 향,
그리고 은은한 여운이 매
우 좋습니다.
- 유튜브를 보고 처음 구입
했는데 감칠맛이 매우 뛰
어나서 지금은 가장 좋아
하는 위스키입니다.

DATA
45%
750mL
버팔로 트레이스
증류소

필자 코멘트!
이름은 꽤 거친 느낌을 주지만
도수도 낮고 부드러운 맛이 특징
이다.

9위 우드포드 리저브 [77표]

시청자 댓글

- 스트레이트와 온 더 록도
맛있지만 하이볼로 마셔도
단맛과 향이 살아 있어요.
- 반주로 곁들이면 고급스러
운 향과 맛이 식사 수준을
끌어올립니다.
- 캐러멜과 같은 단맛과 우
디한 고소함이 고급스럽습
니다. 스카치위스키를 좋
아하는 사람에게 추천합
니다.

DATA
43%
750mL
브라운포맨

필자 코멘트!
고급스러운 단맛으로 호불호도
적고 부드러운 맛이다. 최근 인
기가 급상승하고 있다.

8위 I.W. 하퍼 12년 [81표]

시청자 댓글

- 골드보다 숙성감이 좀 더 있
고 43%라도 마시기 좋습니
다. 옥수수 비율도 높아서
달콤해요. 코르크가 아니기
때문에 보관도 편리합니다.
- 젊었을 때 멋 내려고 가격이
비싼 12년을 주문해 마셔봤
는데 너무 맛있었습니다. 부
드러워서 초보자에게도 추
천합니다.

DATA
43%
750mL
I.W. 하퍼 디스틸링
컴퍼니

필자 코멘트!
특유의 감칠맛과 단맛, 부드러운
감촉. 높은 옥수수 비율이 특징.

10위 짐빔 [69표]

시청자 댓글

- 집에서 거의 매일 마시기 때
문에 매번 4L로 구매합니다.
- 가격대를 올리면 맛있는 것
도 많지만 저렴한 가격에 거
친 버번을 느낄 수 있어 입
문용으로도 좋고 집에 쟁여
두고 마시기도 좋습니다.
- 이 가격에 맛을 논하기는 그
렇지만 하이볼을 진하게 만
들면 맛있습니다.

DATA
40%
700mL
빔산토리

필자 코멘트!
세계에서 가장 잘 팔리는 버번
위스키. 일본에서도 단연 1위다.

11위 포어 로제스 [67표]
스트레이트로 마신 후 화려하고 단 과일 향에 빠졌어요. / 병 디자인이 예뻐서 예전부터 집에 두고 마셔요.

12위 일라이저 크레이그 [65표]
부드럽고 바닐라나 초콜릿의 달콤한 향이 나서 좋아요. / 진하고 향기로우며 단맛과 오크의 풍미가 균형을 잘 이루고 있네요.

13위 와일드 터키 레어브리드 [62표]
적당히 거친 느낌이 있어 와이트 터키답네요. 가장 좋아하는 버번입니다. / 온 더 록으로 만들어서 물을 몇 방울 더 넣어주면 맛이 최고조에 달합니다.

14위 얼리 타임즈 옐로라벨 [57표]
달콤하고 균형이 잘 잡혀 있어서 질리지 않고 좋아요. / 처음 마셔본 버번이라 제게는 이게 기준입니다. 어디서나 살 수 있고 싸고 맛있습니다.

15위 메이커스 마크 46 [49표]
일반 메이커스 마크보다 진하고 향이 고급스러워요. / 더할 나위 없고, 더 맛있는 술은 만나기 힘들 듯합니다.

16위 와일드 터키 13년 [46표]
아마추어이지만 오크통의 느낌과 단맛, 스파이시한 느낌을 받았어요. 버번을 좋아하게 된 계기 중 하나입니다. / 8년보다 부드럽고 마시기 좋습니다.

16위 파이팅 콕 [46표]
스트레이트는 거친 맛을, 온 더 록은 달콤함을 느낄 수 있어요. / 스트레이트와 하이볼의 맛 차이가 대단해요.

18위 포어 로제스 블랙 [45표]
구하기 쉬우며 메이플 느낌이 강하고 화려한 향을 좋아합니다. / 저렴하지만 고급스러운 맛이라 좋은 버번을 마신다는 느낌입니다.

19위 포어 로제스 슈퍼 프리미엄 [42표]
부드러운 감촉에 달콤하고 순한 맛. 버번을 싫어하는 분들에게도 추천합니다. / 버번위스키는 그다지 잘 모르지만 이 버번은 매우 좋아합니다.

20위 놉 크릭 [40표]
너무 달지 않고 마시기 편해요. 버번다운 탄탄한 보디감도 좋네요. / 매우 진하고 힘찬 맛. 가성비도 좋아요.

21위 에반 윌리엄스 12년 [39표]
진한 맛과 바닐라 향이 너무 좋아요. / 과일이 들어 있나 싶을 정도로 강렬한 향미가 최고입니다.

22위 이글레어 10년 [37표]
맛의 균형이 잘 잡혀 있어 칵테일로 만들어도 거부감이 적고 궁합이 좋습니다. / 마시기 좋아 버번위스키 초보자에게 추천합니다.

23위 와일드 터키 스탠더드 [34표]
합리적이고 와일드하지 않은 와일드 터키. 8년보다 부드러워요. / 타격감은 약하지만 식사와 함께 즐기기에 좋습니다.

24위 노아스밀 [32표]
알코올 도수가 느껴지지 않을 정도로 부드러워요. 감칠맛이 응축된 버번입니다. / 입술에 닿는 감촉이 좋고 과일 느낌의 풍부한 맛, 기분 좋은 향이 피어납니다.

25위 베이커스 [29표]
스트레이트가 맛있어서 마음에 들었습니다. / 하이볼이 최고로 맛있어요. 타격감이 강한 버번위스키입니다.

26위 포어 로제스 싱글 배럴 [28표]
기분 좋은 향이 강해서 인상적이었습니다. / 뒷맛으로는 민트 같은 상쾌한 숲의 느낌이 나는 중독성 강한 맛이 느껴집니다.

27위 짐빔 데블스 컷 [24표]
맛있는 하이볼을 추구하던 끝에 도달한 제품입니다. / 진하고 맛있어요! 집에서 마시는 최강 가성비 위스키.

28위 우드포드 리저브 더블 오크 [23표]
향은 그냥 '나무'입니다. 처음에는 당황했지만 마시다 보니 중독되었습니다. / 하이볼로 마셔도 존재감이 잘 드러납니다.

29위 스택 주니어(스태그 주니어) [20표]
충격적인 맛이었어요. 가격도 충격적으로 비싸지만. / 달콤하고 묵직한 맛에 매료되었어요.

30위 얼리 타임즈 브라운라벨 [19표]
저렴한 버번 중 달짝지근함이 가장 심하지 않고 부드러워 마시기 좋아요. 초보자용으로 가성비가 좋아요.

잘 알려지지 않은
세계 위스키 10가지

경이로운 수상 경력을 자랑하는 대만의 카발란

세계에는 잘 알려지지 않은 다양한 위스키가 있다. 여기에서는 **TWSC(Tokyo Whisky & Spirits Competition)에서 수상한 세계 위스키 10병을 엄선해 소개**한다. 덧붙여 TWSC는 200명 이상의 심사원이 블라인드 테이스팅으로 위스키와 기타 스피릿을 심사하는 품평회다. 세계 5대 위스키 중 하나이지만 익숙하지 않은 분들도 많아서 아이리시 위스키는 여기서 소개한다.

가장 먼저 대만의 카발란이다. 카발란 증류소에서 만들어지는 싱글 몰트위스키가 세계적인 품평회에서 수많은 상을 수상하며 세계적으로 주목받고 있다. TWSC에서도 매년 수상을 놓치지 않을 만큼 우수한 제품이 많다. 그중에서도 '카발란 솔리스트 피노 캐스크 스트렝스'는 TWSC 2020에서 최고 금상을 수상했다.

주목해야 할 아일랜드 위스키

두 번째는 아이리시 싱글 몰트위스키 브랜드 코네마라다. 아일랜드의 쿨리 증류소에서 만드는 스모키 싱글 몰트위스키다. 산토리가 소유한 증류소라서 일본에서는 마트 등에서도 쉽게 볼 수 있는 제품이다.

보통 아이리시 위스키라고 하면 논피트로 3회 증류가 주류지만 **코네마라는 피티드 맥아를 사용해 2회 증류**한다. 아이리시 위스키로는 드문 헤비 피티드 타입이다.

세 번째 소개할 위스키는 마찬가지로 아이리시 싱글 몰트위스키인 람베이다. TWSC 2021에서 은상을 수상했다. 람베이는 더블린 북쪽에 위치한 작은 섬이다. 프랑스의 유명 코냑 제조사 카뮤와 협력해서 만든 위스키로, 카뮤의 코냑 캐스크에서 후숙한다. 흔히 말하는 브랜디 캐스크 피니시다.

네 번째는 '**던빌스 12년 PX 캐스크**'다. 이것도 아이리시 위스키다. 2013년 창업한 북아일랜드 에클린빌 증류소의 싱글 몰트위스키로 19세기 제품을 부활시켰다. 매우 달콤한 페드로히메네스 셰리 캐스크로 후숙하여 깊고 진한 과일 향미와 초콜릿 같은 감칠맛이 뛰어나며 품평회에서 높은 평가를 받는 제품이다.

다섯 번째는 '클로나킬티 싱글 배치 더블 오크 피니시'다. 2018년 아일랜드 코크주 클로나킬티에 설립된 증류소로, 설립자는 지역에서 8대째 농장을 운영해온 스컬리(Scully) 가문이다. 자사 밭에서 생산된 보리를 사용해 고품질의 아이리시 싱글 포트 스틸(단식 증류) 위스키를 제조한다. '포트 스틸 위스키'는 아이리시에서만 볼 수 있는 제조법으로 몰트와 미발아 보리를 모두 원료 사용하고 구리로 된 단식 증류기로 증류해 숙성한다.

카발란 증류소 제품으로 모두 싱글 몰트 위스키다. 대만은 아열대기후라서 스코틀랜드에 비해 숙성이 빨라 짧은 기간에도 제대로 된 숙성감을 보여준다.

코츠월드 증류소에서는 지금은 드문, 전통적인 보리 가공 방법인 플로어 몰팅을 고수하고 있다.

'바닷바람과 카뮤가 키우는 유일무이한 아이리시 위스키'가 람베이 싱글 몰트위스키의 선전 문구다. 자사 증류는 아니지만 증류 레시피는 카뮤의 마스터 블렌더가 담당한다.

코네마라로 만든 하이볼은 배를 갈아 넣은 듯한 과일 향미와 가벼운 스모키함의 균형이 매력이다.

에클린빌 증류소에서 만들어지는 던빌스 12년 PX 캐스크는 세련된 병 디자인이 인상적이다.

하이 코스트 증류소는 존 맥두걸이 증류 책임자이자 컨설턴트로 참여하면서
주목받기 시작했다. 그는 40년 이상의 경력을 가진 스코틀랜드 제일의 위스
키 전문가다. 발베니와 라프로익, 스프링뱅크 등 이름난 증류소에서 소장을
지낸 경험이 있다.

오일리하고 곡물감이 강한 맛이
특징인 블렌디드위스키 클로나킬
티 싱글 배치 더블 오크 피니시.

더 레이크스 증류소의 폴 커리 매니저는 전 시바스 브라
더스의 매니징 디렉터였던 헤롤드 커리의 아들이다. 헤
롤드 커리는 시바스를 퇴사한 후 아란 증류소를 창설했
다. 물론 폴 커리 매니저도 당시에 깊이 관여했고 아란
증류소의 노하우도 이어받았을 것으로 보인다.

잉글랜드 호수 지역에 있는 더 레이크스 증
류소. 더 위스키 메이커스 리저브 No.3 외에
더 원 시그니처(더 원 파인 블렌디드위스키)도
동상을 수상했다. 더 레이크스의 몰트위스
키 원주에 하일랜드, 스페이사이드, 아일러
섬의 엄선된 스카치위스키와 그레인위스키
의 원주를 블렌딩한 블렌디드위스키다.

아이리시맨 파운더스 리저브는
세계적인 위스키 평론가 짐 머레이의
《위스키 바이블》에서 93점의
높은 평가를 받았다.

여섯 번째로 소개할 **'아이리시맨 파운더스 리저브'**도 싱글 포트 스틸 위스키다. 싱글 몰트위스키 원주 70%, 싱글 포트 스틸 원주 30%를 혼합한, 창업자 버나드 월시의 오리지널 제품이다. 단식 증류기만으로 3회 증류하여 버번 캐스크에서 숙성했다.

일곱 번째는 **'더 더블린 리버티스 오크 데블'**이다. 5년 이상 숙성한 몰트위스키 원주와 그레인위스키 원주를 혼합했다. 버번 캐스크에서 후숙하여 비냉각여과로 병입했다.

잉글랜드와 스웨덴

여덟 번째는 잉글랜드의 **'코츠월드 파운더스 초이스 싱글 몰트위스키'**다. 세계적인 증류주 컨설턴트인 짐 스완 박사의 지도로 2014년에 제조하기 시작한 신생 증류소의 제품이다.

스완 박사는 2017년 세상을 떠났는데 아일러섬의 킬호만 증류소와 대만의 카발란 증류소, 인도의 암룻 증류소 등 수많은 증류소를 지도했던 인물이다.

코츠월드는 스코틀랜드를 능가하는 위스키를 목표로 **100% 현지산 보리를 사용하며 플로어 몰팅(floor malting, 바닥에 보리를 깔아두고 수작업으로 건조)도 진행**하고 있다. 지역적인 특색을 소중히 여기고 있으며 전 세계에서 수많은 상을 수상한 바 있다.

아홉 번째는 마찬가지로 잉글랜드 **더 레이크스 증류소**의 **'더 위스키 메이커스 리저브 No.3'**다. 2014년 갓 탄생한 더 레이크스 증류소에서 만들어졌으며 최고급 페드로히메네스 셰리 캐스크, 올로로소 셰리 캐스크, 크림 셰리 캐스크, 최고급 레드 와인 캐스크에서 숙성한 원주를 블렌딩에 사용했다.

마지막 열 번째는 스웨덴의 **'하이 코스트 싱글 몰트위스키 팀머'**다. 스모키하고 바닐라의 감미로움이 매력적인 싱글 몰트위스키로, 증류소는 2018년에 박스 증류소에서 하이 코스트 증류소로 이름을 바꿨다. 설립은 2010년으로 오래되지는 않았지만 발베니 증류소와 라프로익 증류소에서 소장을 지낸, 업계 유명 인사인 존 맥도걸이 컨설턴트로 참여해 주목을 받았다.

이상 생소할지도 모르는 세계 위스키를 소개했는데 기회가 된다면 이들 위스키를 꼭 마셔보기를 바란다.

바텐더가 싫어하는 손님

- 가게 비품을 함부로 다룸.
- 만취하여 화장실에 틀어박힘.
- 정치, 종교, 스포츠 이야기만 함.
- 감기에 걸린 채 방문.
- 목소리가 너무 큼.
- 여성 옆에서 성적인 이야기를 함.
- 가게용 병에 코를 대고 냄새를 맡음.
- 메뉴도 보지 않고 없는 메뉴 주문.
- 취해서 옷을 벗어 던짐.
- 허가받지 않은 외부 음식 반입.
- 원샷.
- 계산 금액에 트집을 잡음.
- 줄곧 자기 일 이야기만 함.
- 주문하지 않고 수다만 떪.
- 불길한 이야기를 함.
- 큰 소리로 전화.
- 커플 싸움.
- 가게 안에서도 선글라스를 씀.
- 단골이니까 뭐든 해도 좋다고 여김.
- 가게를 헐뜯는 이야기를 함.
- 자기 취향을 강요.
- 모르는 상대에게 시비를 검.
- 가격을 깎음.
- 말투가 거칢.
- 잔다.
- 향수 냄새가 지나침.

바텐더로 일하다 보면 매우 다양한 사람을 만난다. 술에 취한 모두가 그런 것은 아니지만, 고함을 지르거나 가게 물건을 함부로 다루는 등 바가 아니어도 하면 안 되는 행동을 하고 다른 손님과 다투는 사람도 있다. 취해서 화장실에 틀어박히거나 앉아서 계속 조는 손님도 있다.

멀쩡하다가도 취하면 돌변하는 사람도 있다. 내가 당하기 싫은 일은 하지 않는 것이 좋지만 술에 취하면 잊어버린다. 이것이 바로 술의 무서운 점이다.

술에 강한 사람도 있고 약한 사람도 있겠지만 취해서 남에게 피해를 주는 행동은 누구든 삼가야겠다. 다른 사람이 빨리 마신다고 해서 덩달아 속도를 맞추려 하지 말고 자기 상태에 따라 술자리를 즐기면 된다. 특히 만취해서 기억을 잃고 행패를 부리는 일이 잦다면 음주 습관 개선을 생각해볼 필요가 있다.

Part 4

궁금한
위스키
이야기

알고 보면 재미있는
그레인위스키란?

일본 그레인위스키 제품들
산토리의 치타, 기린의 후지, 니카 위스키의 코페이 그레인, 코페이 몰트 등 그레인위스키가 단독 상품으로 출시, 생산되고 있다. 코페이 몰트의 원재료는 몰트이며 연속식 증류기로 증류한다.

그레인위스키를 발매하는 회사

그레인위스키라고 하면 몰트위스키와 블렌딩하여 블렌디드위스키를 만들기 위한 위스키라는 인식이 강하다. 실제로 맞는 말이지만 최근 일본에서는 **그레인위스키를 단독 상품으로 출시하는 회사가 늘고 있다.** 세계적으로 보면 그레인위스키가 상품화되거나 공식적으로 발매되는 경우는 매우 드물다.

　그레인위스키는 일반적으로 **몰트 이외의 곡물을 사용하여 연속식 증류기로 증류한 위스키**로 알려져 있지만, 실제 정의는 '몰트로 곡물을 당화하여 증류할 것' 정도가 전부다. 다시 말해 몰트도 원료로 사용할 수 있다. 몰트를 사용하여 당화하므로 일본의 경우 뒷면 라벨의 원재료에 '그레인, 몰트'라고 적혀 있다. 일반적인 위스키는 반드시 몰트로 당화, 발효를 한다. 참고로 보리소주는 누룩을 사용한다.

　그레인위스키의 원료는 곡물이기만 하면 특별한 규제가 없다. '치타'나 싱글 그레인위스키 '후지'는 옥수수가 주원료이고 스코틀랜드에서는 일반적으로 밀이 주원료다.

버번위스키는 모두 그레인위스키

옥수수가 주원료이며 다양한 곡물을 사용해 연속식 증류기로 증류하는 버번위스키는 라벨의 원재료에 '그레인, 몰트'라고 적혀 있다. 몰트가 가진 강한 효소의 힘은 위스키 제조에 꼭 필요하다.

*한글표시사항에는 원재료명에 '위스키 원액 100%'로만 표기된 경우가 많음.

연속식 증류기

연속식 증류기는 에네아스 코페이가 개량하고 특허를 취득했는데 패턴트 스틸(특허 증류기), 코페이 스틸이라고도 한다.

여러 종류의 그레인위스키

로크로몬드 싱글 그레인은 몰트를 원료로 사용해 연속식 증류기로 증류했다. 라벨에 'FINEST MALTED BARLEY'라고 적혀 있다. 싱글 몰트위스키를 좋아하면 수월하게 즐길 수 있을 듯하다.

제한 없는 증류기 형태

몰트위스키와 마찬가지로 그레인위스키에도 싱글 그레인위스키와 블렌디드 그레인위스키가 있다. 예를 들어 '치타'는 치타 증류소의 원주만을 사용해서 싱글 그레인위스키다.

사실 **그레인위스키는 어떤 증류기를 사용해도 무방하다.** 스코틀랜드에서도, 한국과 일본에서도 특별한 규정은 없다. 몰트 이외의 곡물을 단식 증류기(포트 스틸)로 증류해도 전혀 문제없다. 다만 비용이 많이 들고 대량생산이 불가능하다. 그래서 단식 증류기로 증류된 그레인위스키는 없다고 생각할지 모르겠지만 105쪽에서도 언급했듯이, 버번위스키는 일본이나 스코틀랜드 쪽에서 보면 그레인위스키에 속한다. 따라서 버번위스키를 단식 증류기로 제조한 제품은 그레인위스키를 단식 증류기로 제조한 제품이라고도 할 수 있다.

또한 연속식 증류기가 생기기 전에는 단식 증류기로 몰트 이외의 곡물을 증류해 그레인위스키를 만들어 블렌디드위스키를 제조했다. 19세기 말까지는 이런 구조가 일반적이었다. 반대로 몰트를 연속식 증류기로 증류하는 것도 19세기에는 일반적이었으며 당시에는 이러한 제품도 싱글 몰트위스키로 표기했다. 다만 스코틀랜드의 법이 바뀌면서 점차 사라져갔다.

30년 숙성 블렌디드위스키는 그레인위스키도 30년 숙성

그레인위스키 원주도 몰트위스키 원주와 숙성 개념은 같다. 예를 들어 30년 숙성 위스키에 들어 있는 그레인위스키 원주는 몰트위스키 원주와 마찬가지로 30년 이상 숙성한 원주다. 재료 비용은 달라도 숙성 비용은 몰트위스키 원주와 동일한 셈이다.

블랙 니카와 코페이 스틸

아일랜드인 에네아스 코페이는 아일랜드에서는 안 팔리던 코페이 스틸(개량된 연속식 증류기)을 스코틀랜드 로우랜드 지역에 전파했다.

코페이 스틸

예를 들어 치타나 후지는 다양한 원주를 혼합해 출하한다. 캐스크도 다양해서 치타는 산벚나무 캐스크를 사용한 제품을 한정 발매한 적이 있다.

연속식 증류기는 1826년경에 로버트 스타인이 발명했다(특허 취득은 1828년). 당시 스코틀랜드는 증류기 용량으로 세금을 부과했기 때문에 용량을 늘리지 않고 효율적으로 증류하는 방법을 고민하다가 발명했다. 이를 눈여겨본 세금징수원 에네아스 코페이가 2개의 탑이 있는 개량형을 만들어 특허를 냈다(1830년). 요즘에도 사용되는 이 증류기가 코페이 스틸(coffey still) 또는 패턴트 스틸(patent still, 특허 증류기)로 불리는 연속식 증류기다.

　니카 위스키의 창업자 타케츠루 마사타카는 코페이 스틸을 도입하고 싶었지만 너무 고가여서 당시에는 불가능했다. 그래서 최대 주주였던 아사히 맥주의 협력을 받았고 일본 최초로 코페이 그레인을 사용한 '블랙 니카'가 태어났다.

저렴한 장기 숙성 그레인 위스키

그레인위스키는 원재료 선택이 자유롭고 표시 의무도 없어서 어떤 것인지 알기 어렵고, 배합 비율도 보통 공표되지 않는다. 일반적으로 스코틀랜드의 그레인위스키는 밀이 원료인 경우가 많은데, 옛날에는 옥수수를 사용했지만 수입 옥수수 가격이 올라 밀로 바꾼 것이다.

반면에 가격이 매력적으로 저렴하다. 20년 이상 장기숙성이나 폐업한 증류소 제품이라도 몰트위스키에 비하면 싸다. 좋아하는 블렌디드위스키에 사용된 그레인위스키를 찾아서 마셔보면 어떨까? 공식 판매처가 적으니 독립병입자가 출시한 제품을 찾아보자.

그레인위스키를 생산하는 증류소

스코틀랜드

카메론브리지 증류소
조니워커를 필두로 디아지오의 수많은 블렌디드위스키에 그레인위스키 원주를 공급하는 증류소. 싱글 그레인위스키인 카메론 브릿지(브리지) 발매.

스트래스클라이드 증류소
현재 페르노리카 소유. 시바스 리갈에 원주를 공급하는 것으로도 알려져 있음.

로크로몬드 증류소
싱글 몰트위스키로 유명하지만 연속식 증류기도 있어 몰트를 원료로 한 싱글 그레인위스키 출시.

인버고든 증류소
스코틀랜드 최북단의 그레인위스키 증류소. 화이트앤맥케이에 그레인위스키 원주 공급.

거번 증류소
글렌피딕으로 유명한 윌리엄그랜트앤선즈의 그레인위스키 증류소. 주로 자사 블렌디드위스키인 그랜츠의 원주 제조. 부지 내에 몰트위스키 원주를 만드는 아일사 베이 증류소 있음. 수제 진인 '핸드릭스 진' 생산.

노스 브리티시 증류소
애드링턴 그룹과 디아지오의 합작회사가 운영하는 그레인위스키 증류소. 주로 '더 페이머스 그라우스'나 조니워커의 그레인위스키 원주 제조.

스타로우 증류소
프랑스 라 마르티니케즈 그룹의 그레인위스키 증류소. 주로 블렌디드위스키 'LABEL 5'의 원주 제조.

일본

치타 증류소
산토리의 그레인위스키 증류소. 자사 블렌디드위스키용 그레인위스키 원주 제조. 싱글 그레인위스키 '치타' 발매.

하쿠슈 증류소
산토리의 증류소. 몰트위스키 원주 제조로 유명하나 2013년부터는 그레인위스키 원주도 제조.

미야기쿄 증류소
니카 위스키의 증류소. 몰트위스키 원주 외에 블렌디드위스키용 그레인위스키 원주도 제조. 코페이 스틸로 증류된 위스키, 진, 보드카도 출시.

기린 디스틸러리 후지고텐바 증류소
기린 맥주의 증류소. 몰트위스키 원주 제조 외에 세 가지 타입의 증류기로 유형이 다른 그레인위스키 원주 생산.

알코올 도수가 높은 위스키가 맛있다?
캐스크 스트렝스 입문

캐스크 스트렝스 = 물을 첨가하지 않은 위스키

※버번위스키는 배럴 스트렝스라고 한다.

CASK = 숙성통   STRENGTH = 힘, 기운

※축약해서 CS라고도 한다.

알코올 도수가 정해진 스카치위스키
스코틀랜드에서는 최저 알코올 도수가 40%로 정해져 있고 일반적인 블렌디드위스키는 알코올 도수 40%인 경우가 많다. 한국과 일본은 특별한 규정이 없다.

위스키는 일반적으로 숙성 후 도수가 50% 이상이다.
= 일반적인 위스키는 물을 첨가해서 마시기 쉬운 도수로 맞춘다.

물을 첨가하지 않고 병입

캐스크 스트렝스는 '물로 희석하지 않은 위스키'를 말한다. 스카치나 재패니즈 위스키 세계에서 자주 사용하는 말로, 버번위스키 등에서는 배럴 스트렝스(barrel strength)라고 한다. 이는 버번위스키를 숙성하는 통의 크기를 가리키는 말인 배럴에서 유래했다.

캐스크는 숙성통, 스트렝스는 힘, 기운을 뜻한다. 축약해서 CS라고 부르는 경우가 많다.

위스키의 알코올 도수는 숙성 후 캐스크에서 꺼내면 일반적으로 50~60% 정도다. 이를 물로 희석하여 40%대로 만들어서 병에 담는데, 캐스크 스트렝스는 물을 섞지 않으므로 알코올 도수는 50% 이상인 제품이 많다.

참고로 도수가 50% 이상이면 두려워서 마시기가 꺼려진다는 사람도 많은데, 위스키는 오랜 세월 동안 오크통 속에서 숙성되면서 향과 맛이 부드럽고 깊어진다.

직접 물을 첨가하며 취향 찾기

물을 첨가해서 병에 담는다는 것은 캐스크에서 완성된 맛을 희석한다는 의미다. 진한 위스키를 마시고 싶은 사람은 캐스크 스트렝스나 알코올 도수가 높은 제품을 선택하는 것도 방법이다. 그리고 다른 장점도 있다. 캐스크 스트렝스는 **조금씩 물을 첨가하면서 자신의 컨디션이나 기분에 맞게 맛을 조절**할 수 있다. 옅은 맛을 진하게 할 수 없지만 진한 맛을 연하게 할 수 있기 때문이다.

| 58% | 54% | 59% | 55% |

수제 위스키는 비싸다?

최근 신규 증류소나 수작업 증류소의 싱글 몰트위스키가 속속 출시되고 있지만 비교적 비싸다. 이유는 다양하지만 알코올 도수를 따져보면 그럴 만하다. 보통 캐스크 스트렝스 제품이 많고 물로 희석해도 미량에 그치는 수준이다. 이러한 고집이 가격에 반영되었을 것으로 보인다. 그 외에 소량생산도 이유 중 하나다. 신규 수작업 증류소는 대부분 스테디셀러 제품이 아직 없고 한정판매 위스키 위주로 제조한다. 한정판매 위스키는 적은 수량의 캐스크로 만드는 경우가 많아 필연적으로 가격은 올라간다. 그리고 마지막은 수작업(craft, 크래프트)이라는 점이다. 원료와 제조법에 대한 고집뿐만 아니라 대기업과 달리 수작업이 많아 작업 시간이 오래 걸리는 반면, 생산량이 적어 원주 가격이 비쌀 수밖에 없다. 신규 증류소는 대부분 아직 실험 단계다. 나중에 나올 스테디셀러 제품을 위해 실험을 반복해서 경험치를 쌓는 것이다.

알코올 도수가 높은 위스키는 고농축 육수?

고농축 육수와 그대로 쓸 수 있는 육수를 비교하면 전자가 가격은 높다. 캐스크 스트렝스는 고농축 육수라고 할 수 있다.

숙성연수가 짧은 제품이 더 비싼 경우도 있는데 다양한 이유가 있겠지만 알코올 도수의 차이 때문일 수 있다.

고도수의 위스키가 가격은 비싸지만 **물을 넣어서 마신다고 치면 일반적인 40% 위스키보다 용량이 더 많은 셈이다.** 하이볼을 만들 때도 도수가 높은 위스키를 사용하면 적은 위스키 양에도 탄산수를 많이 넣어, 맛의 농도를 유지하면서 더욱더 강한 탄산의 자극을 즐길 수 있다.

캐스크 스트렝스 중에는 알코올 도수가 40%대인 제품도 있다. 숙성연수가 길면 알코올이 휘발되어 도수가 낮아지기도 한다. 그래서 숙성연수가 긴 캐스크 스트렝스 중에 도수가 높은 제품은 인기가 매우 높다. 장기숙성 캐스크 스트렝스는 도수가 높아도 생각보다 알코올감이 크게 느껴지지 않고 부드럽다.

캐스크 스트렝스는 독립병입자의 제품을 사는 계기

좋아하는 브랜드의 캐스크 스트렝스를 마셔보고 싶은데 공식적으로 판매하지 않는 증류소도 있다. 이럴 때는 독립병입자의 제품을 살펴보면 찾을 수 있다. 캐스크 스트렝스가 독립병입자 제품을 구매하는 동기가 되기도 한다.

캐스크 스트렝스와 싱글 캐스크의 차이

캐스크 스트렝스와 싱글 캐스크는 같은 의미가 아니다. 싱글 캐스크는 하나의 통을 그대로 병에 담은 제품이다. 같은 통, 같은 원주, 같은 숙성연수라도 통마다 맛이 다 다르다. 싱글 캐스크 제품은 개성이 매우 강한 데다가 한정적이기 때문에 팬이 많다.

원주 증류일
캐스크 재질
숙성 장소
동일

A   B

300병   300병

아벨라워 아브나흐

2000년대 초반에 발매된 셰리 캐스크 원주 100%에 비냉각여과로 숙성 연수가 없는 싱글 몰트위스키다. 발매 초기부터 배치(Batch, 생산회차) 넘버가 적혀 있어서 싱글 캐스크임을 알 수 있다. 팬이 아주 많다.

DATE
약 60%(병마다 다름) / 700mL /
아벨라워 증류소

더 글렌리벳 나두라 시리즈

나두라 시리즈 중 700mL 타입이 캐스크 스트렝스다. '나두라'는 게일어로 '자연'이라는 뜻. 물을 첨가하지 않았고 비착색, 비냉각여과 방식으로 병입한 제품이다. 셰리 캐스크에서 숙성한 나두라 올로로소, 나두라 피티드, 퍼스트필 아메리칸 화이트 오크통에서 숙성한 나두라 퍼스트필 셀렉션이 있다.

DATE
약 60%(병마다 다름) / 모두 700mL / 순서대로 나두라 올롤로소, 나두라 피티드, 나두라 퍼스트필 셀렉션 /
더 글렌리벳 증류소

글렌파클라스 105

글렌파클라스 증류소에서 발매한 셰리 캐스크 원주 100%에 숙성연수가 없는 제품이다. 숫자 105는 105프루프, 즉 알코올 도수로 약 60%라는 의미다. 다양한 도수의 캐스크를 혼합하여 60%로 맞춰 캐스크 스트렝스로 출시한다. 가격은 매우 저렴하다!

DATE
60% / 700mL /
글렌파클라스 증류소

맥캘란 클래식 컷

2017년부터 한정발매하는 인기 시리즈로, 숙성연수가 없는 제품이다. 매년 다른 블렌더가 다른 레시피로 제조한다. 구하기 어렵지만 말이 필요 없는 보틀이다. 현재 맥캘란 제품들은 물을 첨가하는 타입이 주여서 진한 맥캘란이 궁금하다면 꼭 시도해보기를 바란다.

DATE
52.9% / 700mL / 맥캘란 증류소

아란 쿼터 캐스크

버번 캐스크에서 7년간 숙성한 뒤 125L의 작은 통(쿼터 캐스크)에서 2년간 후숙해서 병입한 제품이다. 작은 통은 숙성 속도가 빨라 9년이라고는 생각되지 않는 숙성감을 보여주며 버번 캐스크 특유의 과일 향미가 매력적이다. 그 밖에 아란 셰리 캐스크도 추천할 만하다.

DATE
56.2% / 700mL / 아란 증류소

가장 오래된 위스키 클럽
더 스카치 몰트위스키 소사이어티

SMWS 위스키의 특징
- 캐스크 스트렝스(CS)
- 비냉각여과
- 무착색

기본적으로 캐스크 스트렝스 제품이라 알코올 도수는 높고 캐스크의 맛 그대로를 병에 담았다. 또한 냉각여과나 착색도 하지 않는다.

SMWS

1983년 에든버러에서 설립. 2023년 4월에 론칭한 한국 지부 외에 세계 13개국 이상에 지부가 있다. 회원 수 2만8000명 이상.

자사 숙성고에 8000개 이상의 캐스크를 보유, 매월 회원용 제품을 생산해 판매한다. 캐스크를 옮겨서 후숙하는 등 캐스크 피니시 작업도 실시한다.

마개 포장과 라벨 색상에도 의미가 있으며 12종류의 풍미로 나누어져 있다. 공식 사이트에서 플레이버 맵을 다운로드할 수 있다.

마니악한 위스키를 만날 수 있는 기회

좀 마니아적인 회원제 위스키 클럽을 소개한다. '더 스카치 몰트 위스키 소사이어티(The Scotch Malt Whisky Society)' 줄여서 SMWS라고 한다. **증류소에서 원주를 매입, 자사 숙성고에서 숙성하고 독자적으로 병입하여 회원용으로 판매한다.** 140개 이상의 증류소에서 선별한 원주를 병입하여 제품화한다.

SMWS의 보틀 형태는 모두 동일하며 라벨도 기본 형태는 같다. 언뜻 보기에는 이해하기 어렵지만 라벨에는 다양한 정보가 가득하다. 하지만 증류소 이름은 어디에도 없다. 이는 선입견 없이 즐긴다는 콘셉트에서 비롯된 것이다. 다만 증류소 번호가 적혀 있어서 조사하면 어느 증류소의 위스키인지는 짐작할 수 있다. 캐스크 번호로 지금까지 이 증류소에서 몇 개의 캐스크가 발매되었는지를 알 수 있고, 그 밖에 병입 수, 캐스크 종류, 증류 연월일 등 상세한 정보가 적혀 있다. 특히 제품 타이틀이 매우 특이하다. 예를 들어 '부드럽고 스모키한 차를 우려낸 맨해튼' 등 보틀마다 개성이 넘친다.

이와 같은 회원제 위스키 클럽에 가입하면 **희소성이 높은 위스키**를 구할 수 있을 뿐만 아니라 어쩌면 위스키 동료를 사귈 수도 있다.

기본적으로 SMWS는 싱글 캐스크(예외도 있음)다. 보통 12년 표기는 12년 이상 숙성했다는 뜻이지만 SMWS의 싱글 캐스크라면 12년 숙성했다는 뜻이다. 이전에는 싱글 캐스크라고 라벨에 기입했으나 캐스크 피니시를 할 때도 있어 지금은 표기하지 않는다. 캐스크 피니시를 한 경우에는 첫 번째 캐스크는 이니셜 캐스크, 마지막 캐스크는 파이널 캐스크로 표기한다.

회원 혜택

매월 회원만 살 수 있는 보틀 출시, 테이스팅 이벤트 등에 특별 가격으로 참가 가능, 회원 한정 온라인 테이스팅 이벤트 실시, 멤버 한정 잡지 발행, 회원 우대가로 이용할 수 있는 바.

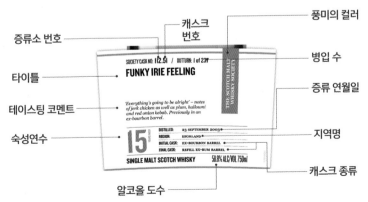

증류소 번호 — SOCIETY CASK NO. 112.51

캐스크 번호 — OUTTURN: 1 of 237 — 병입 수

타이틀 — FUNKY IRIE FEELING

THE SCOTCH MALT WHISKY SOCIETY

테이스팅 코멘트 — 'Everything's going to be alright' – notes of jerk chicken as well as plum, halloumi and red onion kebab. Previously in an ex-bourbon barrel.

풍미의 컬러

증류 연월일 — DISTILLED: 23 SEPTEMBER 2003

숙성연수 — 15 YEARS OLD
REGION: HIGHLAND — 지역명
INITIAL CASK: EX-BOURBON BARREL
FINAL CASK: REFILL EX-RUM BARREL — 캐스크 종류

SINGLE MALT SCOTCH WHISKY   58.8% ALC/VOL 750ml

알코올 도수

위스키에 색을 입힌다고?
위스키 착색의 진실

틀리기 쉬운 위스키 상식

- 색이 진한 위스키는 숙성 기간이 길다.
- 색이 옅은 위스키는 숙성 기간이 짧다.

색은 캐스크에 따라 변한다

셰리 캐스크에 숙성하면 색이 진하게 묻어나지만 버번 캐스크에 숙성하면 색이 잘 묻어나지 않는다. 리필 캐스크도 색이 잘 묻어나지 않는다.

위스키 착색에 대하여

위스키의 풍미나 향을
바꾸지 않는 범위에서 E150a라는
스피릿 캐러멜 첨가를 인정한다.

스코틀랜드, 아일랜드, 일본에서는
착색을 법으로 인정한다.

특정 위스키 총생산량의
2.5%까지
캐러멜 착색을 인정한다.

판매되는 대부분의 버번위스키가 스트레이트 버번위스키인데, 스트레이트 버번위스키는 착색을 인정하지 않는다.

착색하는 이유는?

같은 종류의 캐스크에서 숙성한 원주라도 매번 색이 동일하지 않기에 맛을 우선하면 색 차이는 필연적이다. 하지만 판매 업체로서는 작년 제품과 올해 제품의 색깔 차이는 클레임 대상이 될 수 있다. 그래서 대기업 제조사의 주요 제품은 착색된 경우가 많다.

비례하지 않는 색의 농도와 숙성연수

바 카운터 안에서 있다 보면 손님들이 '색깔이 진한 위스키는 오래 숙성했기 때문'이라거나 '색깔이 연한 위스키는 얼마 숙성하지 않은 위스키'라는 등의 이야기를 나누는 장면을 자주 목격한다. 하지만 잘못된 상식이다. 위스키 색깔은 캐스크 종류에 따라 결정되므로 반드시 숙성연수에 비례한다고 할 수 없다.

게다가 유명 위스키는 착색된 경우가 많다. 착색 여부를 라벨에 표기해달라는 의견도 많아 위스키 팬들의 논쟁거리가 되기도 한다. 생산자 중에는 착색을 반대하는 사람도 많다. 브룩라디 증류소를 부활시킨 짐 매큐언은 "다른 증류소는 착색해서 장기숙성 위스키처럼 보이게 하지만 우리는 그러지 않는다"라고 말한 바 있다.

착색을 거부하는 증류소도 많은데 **논컬러링, 내추럴 컬러 등을 라벨에 표기하여 증류소의 고집을 나타내기도 한다**. 브룩라디 외에 스프링뱅크, 맥캘란, 울프번, 킬호만 등을 들 수 있다.

또한 독립병입자가 발매하는 위스키와 일본 수작업 증류소의 위스키는 대부분이 무착색이다.

착색 여부 구별법

착색되었는지 아닌지를 구별하는 방법이 있다. 독일이나 덴마크 등 일부 국가에서는 착색 표시 의무가 있다. 이런 국가의 인터넷 쇼핑몰에서 정보를 확인해보면 제조사가 착색 여부를 공개하고 있다. 또 병행수입품 중에는 착색 여부가 적혀 있기도 하다.

"나는 위스키에 색을 입혀서 소중한 고객의 몸에 불필요한 것을 주입하고 싶지 않다." -짐 매큐언

캐러멜 색소의 구성

캐러멜 색소	E번호	아황산화합물	암모늄화합물	하루 섭취 허용량(ADI)
캐러멜 I (plain)	E150a	불사용	불사용	(지정 사항 없음)
캐러멜 II (caustic sulfite process)	E150b	사용	불사용	0~160mg/kg/일
캐러멜 III (ammonia process)	E150c	불사용	사용	0~200mg/kg/일 (고형물 환산 0~150mg/kg/일)
캐러멜 IV (sulfite ammonia process)	E150d	사용	사용	

그거 진짜 위스키 맞나요?

위조 위스키를 조심하자!

고액으로 거래되는 고급 위스키 빈 병

코로나19의 영향으로 폐점하는 가게가 내용물이 남은 보틀이나 빈 병을 팔기도 한다. '내용물은 버려주세요'라고 적혀 있는데 마시는 것은 위험하다.

공병 매매는 위조 위스키의 온상

옥션이나 프리마켓 앱 등에서 위스키가 고액으로 거래되는 상황이 계속되고 있다. 2018년 영국 옥션에서 거래된 위스키의 가격은 한화로 총 518억 원 정도였다. 이 정도의 시장 규모면 **위조 위스키는 이제 위조지폐 수준의 큰 문제**라고 할 수 있다. 옥션이나 프리마켓 앱 등에서 나도는 위스키는 가짜도 많으니 주의해야 한다. 옥션 등에서 고가 위스키의 공병이 대량으로 판매되는 것을 본 사람도 많을 것이다. **빈 병을 파는 것 자체는 문제가 없지만 이것을 비싼 값에 사는 사람이 어떤 목적으로 사느냐가 문제다.**

폐점하는 바도 늘고 있어서 내용물을 알 수 없는 보틀이나 빈 병이 꽤 많이 나돌고 있다.

용량은 표기대로 가득 들어 있지만 마개 보호 포장(캡실)이 없는 보틀을 '실수로 개봉했다'라는 등 다양한 핑계를 대며 고액으로 판매하기도 한다.

2015년 무렵에는 '야마자키 35년'의 빈 병이 고액으로 대량 유통되었다.

여기서는 주의를 환기하는 차원에서 지금까지 일어났던 사건들을 정리해서 소개하고자 한다.

일본에서 일어난 사기

2021년에는 '야마자키 25년' 등의 제품을 옥션에 허위로 올려 약 90만 엔(약 800만 원)을 가로챈 혐의로 무직 남성이 체포된 적이 있다. 상품 자체를 배송하지 않은 사기 사건이었다.

또 2017년 6월부터 7월까지 유명 프리마켓 앱에서 '히비키 30년'의 빈 병에 가짜 위스키를 담아 5병을 판매하고 총 99만 엔(약 900만 원)을 가로챈 채 **고물상 직원 2명이 상표법위반 및 사기 혐의로** 체포되었다.

히비키 30년의 일본 소매가는 12만5000엔(2021년 11월 기준. 2022년 4월 출하분부터 16만 엔)이지만 인터넷에서는 50만 엔 정도로 거래된다. 가짜는 20만 엔 정도로 올라오는 듯하며 되팔아서 이익을 챙기려는 사람이 주요 목표다.

18세기 보틀이라고 믿었는데…

2017년 스위스 생모리츠의 호텔을 방문한 중국 관광객이 호텔 내에 보관 중이던, 세계에서 1병밖에 없는 **1878년 빈티지 미개봉 맥캘란을 1잔에 1만 달러를 주고 주문했다.** 호텔 측은 판매하는 제품이 아니라고 거절했으나 계속된 설득에 주인이 개봉했다.

이 일은 뉴스로 보도되었는데 일부 위스키 전문가로부터 가짜가 아니냐는 의혹이 제기되었다. 호텔 측이 '방사성 탄소 연대 측정'을 의뢰한 결과, 가짜로 밝혀졌다. 내용물은 무려 95%의 확률로 1970년부터 1972년에 만들어진 몰트위스키 60%와 그레인위스키 40%로 이루어진 블렌디드위스키로, 싱글 몰트위스키조차 아니었다. 그 후 호텔 주인이 중국까지 가서 고객에게 사과하고 화해하면서 해프닝으로 끝났다. 이 맥캘란은 호텔 주인 산드로 씨의 아버지가 25년 전 10만 달러 이상을 주고 구입한 것으로 산드로 씨도 가짜라고는 의심하지 않았다고 한다.

해외 동영상 사이트에 올라온 '야마자키 18년'의 빈 병에 캡실을 장착하는 영상.

무대가 된 스위스 호텔은 세계 최대 위스키 컬렉션으로 기네스북에도 실려 있어 신뢰도가 높은 곳이었다.

위조 사건에 휘말린 맥캘란사

또 맥캘란과 관련된 이야기다. 맥캘란사는 1995년에 자사의 1874년 빈티지 보틀을 경매에서 낙찰받고 이를 충실히 재현해 1996년에 복제품을 발매했다.

매출이 꽤 좋아서 이후 맥캘란사는 자사의 1800년대 후반 빈티지 보틀들을 옥션에서 낙찰받아 2000년대 전반에 걸쳐 '레플리카 시리즈'로 발매했다.

이 레플리카 시리즈는 화제를 모았지만 경매로 얻은 빈티지 보틀들이 진짜인지 의심하는 목소리가 여러 곳에서 나왔다. 이에 맥캘란사는 낙찰받은 보틀 중 일부의 진위 감정을 의뢰했는데, 결과는 가짜로 밝혀졌다.

맥캘란사는 가짜로 복제품을 만든 셈이다. 이 일로 인해 맥캘란사는 큰 망신을 당하고 말았다.

옥스퍼드대학이 화석 등에 사용하는 방사성 탄소 연대 측정을 이용해 감정한 결과 보틀 내의 액체는 95% 확률로 1970년부터 1972년에 만들어진 블렌디드위스키라고 판명되었다. 호텔 주인 산드로 씨는 중국까지 가서 고객에게 사과하고 대금 전액을 수표로 건네며 화해했다.

아시아에서 적발된 위스키 위조 공장

다음은 조니워커의 가짜 공장 이야기다. 지난 2019년 태국 남부에서 **조니워커의 블랙라벨과 레드라벨 위조품을 제조하던 공장이 현지 당국에 적발**되었다.

라벨 부착 등 위조 작업을 하던 2명이 체포되었는데, 이 2명은 자신들이 단순 종업원이며 주인은 한 번도 만난 적이 없다고 진술했다. 위조 위스키는 보통 호텔이나 유흥시설 등으로 납품되는데 내용물이 무엇인지 알 수 없다. 매우 위험하므로 여행 시에는 충분히 조심하자.

2002년에는 메탄올이 들어간 위스키가 런던에서 압수된 적도 있다. 압수된 위스키에는 4.3%의 메탄올이 포함되어 있었다.

메탄올은 독성이 상당히 강해 10mL를 마시면 실명하고 30mL를 마시면 목숨을 잃을 수 있다.

19세기에 출시된 맥캘란 1874를 바탕으로 만든 맥캘란 레플리카 1874. 당시 상당한 화제였다. 그 후 맥캘란사는 옥션에서 19세기 보틀들을 추가로 낙찰받았지만 대부분 가짜였다. 다만 맥캘란 1874는 확실히 진짜였다고.

태국에서 위조주 제조처가 잇따라 적발되고 있다. 싸구려 술을 채워서 판매하는 경우가 많은데 메탄올 등 인체에 해로운 물질을 사용한 사건도 있었다. 호텔이나 유흥시설이 주요 판매처라고 하니 주의하자.

위스키 업계에 위기를 불러온 패티슨 형제 사건

위스키 업계에 큰 상처를 남긴 '패티슨 사건'도 있다. 로버트와 월터 패티슨 형제가 1887년 블렌디드위스키를 만드는 회사를 설립했다. 위스키가 불티나게 팔리던 시절이라 2년 후에는 회사를 상장하고 큰 수익을 올렸다.

패티슨 형제의 회사는 블렌디드위스키의 원주를 안정적으로 공급받고자 증류소를 차례로 인수했다. 오반 증류소와 올트모어 증류소를 비롯해서 글렌파클라스 증류소의 절반, 그레인위스키 증류소도 손에 넣었다. 그 후 사무실도 에든버러로 옮기고 토지를 사 모으는 등 사적으로도 호화로운 생활을 했다. 하지만 오래가지 못했다.

패티슨 형제는 많은 은행에서 대출을 받아 위스키 원주를 확보하고 다시 대출받는 방식을 반복했는데, 그 결과 1898년 12월 **회사 주식이 급락했고 은행 대출을 갚을 수 없어 도산**하고 말았다. 그뿐만 아니라 회계 부정이 밝혀져 형제가 모두 구속되었다.

여기까지도 문제지만 위스키 업계에 끼친 더 큰 문제가 있었다. 사실 **패티슨 형제가 대량으로 구입한 저렴한 아이리시 위스키에 고급 스카치를 소량 섞어 '파인 올드 글렌리벳'이란 싱글 몰트위스키로 속여 팔았음**이 드러났다. 즉, 위조 위스키를 만들어 팔았던 것이다.

이 일로 위스키 관련 회사 10여 곳이 연달아 도산했다. 연쇄적으로 다른 소규모 회사도 다수 도산했으며 스카치위스키 업계의 신용도가 바닥까지 떨어졌다.

이 사건 때문인지는 단정할 수 없지만 이 시기부터 원주 가격이 하락하기 시작했으며 사건과 관계없는 증류소도 폐쇄하거나 생산을 축소하는 등 업계는 큰 타격을 입었다.

참고로 위스키 위조는 꽤 오래 전부터 행해진 일이다. 가장 오래된 기록은 1783년에 작성된 위조 위스키 제조법으로, 더 글렌리벳이 정부 공인 제1호 증류소가 되기 약 100년 전의 일이다.

패티슨 형제 사건 이후 두 차례의 세계대전과 미국 금주법 등으로 1949년 툴리바딘 증류소가 생길 때까지 수십 년 동안 신규 증류소가 생기지 않는 등 위스키 시장은 세계적으로 침체기에 빠졌다.

고가의 빈티지 위스키는 정품 감정서 발행이 필요

위조 위스키 문제도 심각하지만 위조를 간파하는 기술도 발전하고 있어 화제다.

2018년 스코틀랜드 대학연합 환경연구센터는 희귀한 올드 스카치위스키 55병을 방사능성 탄소 연대 측정으로 감정하여 21병이 가짜임을 밝혀냈다. 예를 들어 1863년 빈티지 탈리스커는 2007년부터 2014년 사이에 증류되었을 가능성이 높다는 결과를 내놓았다.

이런 상황을 감안해 빈티지 위스키 조사와 감정을 실시하는 '레어 위스키 101'의 공동창립자 데이비드 로버트슨 대표는 **"1900년 이전 위스키는 진짜라고 입증되기 전까지는 위조품으로 추정한다"**라고 말하기도 했다. 앞으로 세계적인 옥션에 나오는 매물은 정품 감정서가 필수로 있어야 할 것 같다.

스코틀랜드대학의 감정으로 위스키 55병 중 21병이 가짜로 판별됐다.

개봉 전 레이저로 감정하는 기술도

2019년 글래스고대학은 '인공 혀'라는 이름의 센서를 개발했다. 한 방울만 떨어뜨리면 어떤 위스키인지 판별할 수 있는데, 정확도가 무려 99.7%였다. 숙성연수를 비롯해서 캐스크가 서로 다른 3종의 위스키를 모두 구별할 수 있었다. 다만 위스키를 개봉하지 않으면 안 된다는 점이 큰 단점이었다.

1863년 빈티지의 탈리스커가 2007년~2014년에 증류되었을 가능성이 있다는 결과가 나왔다.

그래서 스코틀랜드의 세인트앤드루스대학은 **병에 담긴 위스키를 감정하는 방법을** 발표했다. 레이저를 쏴서 병 내부의 화학 성분을 조사할 수 있어 개봉하지 않고 감정할 수 있다는 큰 장점이 있다. 고가의 희귀 위스키도 손상 없이 판별할 수 있어 업계에서 큰 기대를 모으고 있다.

위스키를 한 방울 떨어뜨려서 숙성연수와 캐스크의 차이를 판별하는 칩이 개발되었다.

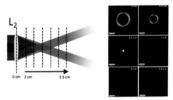

개봉하지 않고 레이저를 병에 쏴서 내부의 화학 성분을 조사할 수 있다.

※ 참고

https://www.samuitimes.com/beware-very-dangerous-fake-johnny-walker-headed-for-bangkok/
https://thethaiger.com/news/bangkok/dangerous-fake-jw-whisky-heading-for-bkk
https://scotchwhisky.com/magazine/latest-news/16678/10-000-glass-of-macallan-confirmed-as-fake/
https://www.bbc.com/news/uk-scotland-scotland-business-41695774
https://edition.cnn.com/2020/01/24/world/scotch-counterfeit-test-scn-trnd/index.html
https://inews.co.uk/inews-lifestyle/food-and-drink/macallan-whisky-18-year-old-single-malt-how-price-grew-nest-egg-640196
https://www.bbc.com/news/uk-scotland-scotland-business-46566703
https://www.thespiritsbusiness.com/2018/12/fake-whisky-infiltrating-all-routes-to-market/
https://phys.org/news/2019-08-artificial-tongue-distinguish-whiskies.html
https://pubs.rsc.org/en/content/articlelanding/2020/AY/D0AY01101K

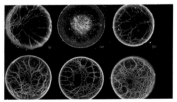

버번위스키의 지문. 한 방울 떨어뜨리면 제품마다 독자적인 무늬가 떠오른다.

장기숙성 입문!
장기숙성 스카치위스키 추천 10

장기숙성은 공식 판매 제품을 주목

캐스크의 여러 성분이 오랜 시간에 걸쳐 녹아들어 화학 변화가 일어나고, 캐스크가 호흡하면서 위스키는 숙성된다. 오래 숙성한다고 다 맛있다고는 할 수 없다. 다만 장기숙성된 위스키는 위스키 애호가들의 꿈이다.

장기숙성하더라도 일반적으로는 여러 통의 캐스크를 혼합하여 만들기 때문에 블렌더의 솜씨가 맛을 좌우한다. 독립병입자들도 장기숙성한 제품을 내놓지만 우선은 유명 증류소에서 정식으로 판매하는 제품에 먼저 도전해보자.

글렌파클라스 21년

장기숙성 위스키를 경험하고 싶다면 먼저 글렌파클라스부터 시작해보는 것은 어떨까? 21년 또는 25년은 가격도 다른 제품과 비교하면 꽤 합리적이다. 100% 셰리 캐스크 원주를 사용해서 고급스럽고 호불호가 갈리지 않는 과일 향미로 위스키 팬을 끌어당긴다.

DATA 43% / 700mL / 글렌파클라스 증류소

에버펠디 21년

듀어스의 키몰트로 유명하며, 듀어스를 위해 설립된 에버펠디 증류소에서 생산한다. 꿀과 같은 부드러움에 과일 향미, 순한 단맛이 특징이다. 바닐라에 꿀을 뿌린 듯한 단맛이 오래 지속된다. 크게 주목받는 제품은 아니지만 꾸준한 팬이 많다. 도수는 40%인데 너무 가볍지도 않고 중간 정도의 보디감을 느낄 수 있다.

DATA 40% / 700mL / 에버펠디 증류소

글렌드로낙 21년

21년 이상 숙성된 올로로소 셰리 캐스크 원주와 매우 달콤한 페드로히메네스 셰리 캐스크 원주를 혼합했다. 논피트이며 셰리 캐스크 특유의 과일 향미와 깊은 단맛이 특징이다. 농도가 진하고 묵직한 풀 보디라서 마시는 느낌도 탁월하다. 셰리 캐스크 계열의 싱글 몰트위스키 중에서는 인기가 많은 제품.

DATA

48% / 700mL
글렌드로낙 증류소

글렌피딕 21년

21년 이상 숙성된 유러피언 오크의 셰리 캐스크 원주와 아메리칸 오크 캐스크 원주를 혼합하여 캐리비안 럼 캐스크에서 4개월간 숙성한 제품이다. 럼 캐스크에서 숙성한 글렌피딕 제품이라고 하면 연수 표기가 없는 '글렌피딕 파이어 앤 케인'을 떠올리는 분도 있겠지만 원주와 럼캐스크의 종류가 다르다.

DATA

40% / 700mL
글렌피딕 증류소

더 글렌리벳 21년

21년 이상 숙성된 셰리 캐스크의 원주와 버번 캐스크의 원주를 혼합했다. 셰리 캐스크의 말린 과일 같은 향미뿐만 아니라 버번 캐스크의 트로피컬한 느낌도 있으며 뒷맛이 길고 아주 탄탄한 숙성감이 매력적이다. 균형이 잘 잡혀 있어 그야말로 원숙한 맛이라고 할 수 있다.

DATA

43% / 700mL
더 글렌리벳 증류소

글렌고인 21년

21년 이상 숙성한 퍼스트 필 셰리 캐스크의 원주만 혼합했다. 견과류 같은 고소함과 건포도의 향미, 부드럽고 풍부한 맛, 캐스크의 우디한 여운이 느껴진다. 위스키 애호가들에게 높이 평가받는 제품으로, 세계적 품평회에서 금상을 수상한 경력도 있다. 최근에는 싱글 몰트위스키의 생산량이 늘어 시장에서도 많이 볼 수 있다.

DATA

43% / 700mL
글렌고인 증류소

쿠일라 25년

조니워커의 키몰트로 유명한 아일러섬의 몰트위스키다. 정규 제품군에 25년이 있다. 독립병입자의 제품도 많은 증류소인데, 최근에는 인기가 높아져 가격도 상승 중이다. 버번 캐스크 원주의 트로피컬한 과일 향미와 스모키한 맛으로 팬이 많은 제품이다.

DATA

43% / 700mL
쿠일라 증류소

아란 21년

아란 증류소의 싱글 몰트위스키다. 퍼스트필, 세컨드필의 셰리 혹스헤드 캐스크로 숙성한 원주만을 블렌딩했다. 감귤 풍미가 있는 보리의 달콤함과 쌉쌀한 다크 초콜릿 느낌을 준다. 이어 고소하고 과일 같은 향미가 긴 뒷맛으로 여운을 남긴다. 인기가 많아 구하기 쉽지 않다.

DATA

43% / 700mL
아란 증류소

벤로막 21년

퍼스트필 셰리 캐스크의 원주와 버번 캐스크의 원주를 혼합한 스모키한 싱글 몰트위스키다. 달콤한 과일 향미와 감귤 느낌이 묻은 스모키한 향을 느낄 수 있다. 맛은 건포도나 익은 사과, 뒷맛으로는 달콤한 고소함이 남는다. 숙성된 과일 향미와 피트의 스모키함이 매우 고급스럽다.

DATA

43% / 700mL
벤로막 증류소

주라 21년

아일러섬 근처 주라섬, 주라 증류소의 싱글 몰트위스키다. 사진은 2010년 증류소 설립 200주년 때 발매된 '21년'을 스테디셀러화한 것. 독립병입자 제품도 많고 가격도 합리적이어서 시험 삼아 마셔보기 좋다. 셰리 캐스크의 과일 향미와 곡물의 단맛에 다크 초콜릿과 같은 깊고 쌉쌀한 맛이 일품이다.

DATA

40% / 700mL
주라 증류소

Part 5

마셔보고
싶은 위스키,

비교해보고
싶은 위스키

일본 싱글 몰트위스키
'야마자키'와 '하쿠슈' 비교 시음

개요
산토리의 싱글 몰트위스키 '야마자키'와 '하쿠슈'는 현재 인기가 많아 구하기 어려운 제품이지만 **일본 편의점에 180mL 미니어처가 정기적으로 들어온다.** 마셔본 적이 없거나 한번 마셔보고 싶은 분에게 꼭 추천하는 위스키다.

테이스팅
먼저 스트레이트로 마셔보았다. '야마자키'는 화려한 베리류의 향이 느껴졌다. 맛은 벌꿀같이 꾸

덕꾸덕한 단맛, 말린 과일 풍미, 약간 비터하고 스파이시함, 과일의 신맛이 났다. 뒷맛으로 바닐라의 단맛이 남았다. '하쿠슈'는 상큼한 풋사과 향과 바닐라 향이 났고 맛은 부드럽고 절제된 단맛이다. 여운에 우디한 떫은맛이 나면서 깔끔한 뒷맛을 보여줬다. **'야마자키'와는 대조적인 부분도 있고 공통점도 있다.**

계속해서 온 더 록으로 맛보았다. '야마자키'는 꾸덕해서 그런지 벌꿀 느낌이 더 강했고 뒷맛은 약간 썼다. 물을 조금 첨가해서 맛을 조정해도 좋을 것 같다. 화려한 과일 향미도 느껴졌다. '하쿠슈'는 바닐라의 단맛이 더 강조되어 '야마자키'와 비교하면 더 순하다는 인상이다. **입에 단맛이 오래 머물기 때문에 더 큰 만족감을 얻을 수 있었다.**

다음은 하이볼로 마실 차례다. '야마자키'는 마시는 순간 벌꿀 같은 느낌이 부각되어 화려하다는 생각이 먼저 들었다. 감촉은 크리미하고 마시다 보면 약간 떫은맛도 났다. 입안에 단맛이 남는데 개인적으로는 나무랄 데 없었다. '하쿠슈'는 약간 쓰고 은은한 단맛, 희미한 스모키함과 숲을 연상시키는 우디함이 뒷맛으로 남아 신선한 청량감이 느껴졌다. 다소 가벼운 느낌도 들었지만 그렇다고 완전히 가볍지만은 않았다.

어떤 방식으로 마셔도 맛의 균형이 잡혀 있다. 하이볼로 만들기에는 다소 아까울 수도 있지만 차분히 맛을 느끼면서 마신다면 한 번 시도해보는 것도 나쁘지 않다.

일본 블렌디드위스키
하이볼 인기 No.1 '프롬 더 배럴'

개요

1985년 출시된 니카 위스키의 블렌디드위스키다. 알코올 도수가 무려 51%라서 캐스크 스트렝스 같지만 아주 소량의 물을 첨가하여 알코올 도수를 맞춘 제품이다. 위스키를 블렌딩한 후 다시 캐스크에 넣어 재숙성하여 맛이 조화롭다.

'월드 위스키 어워드 2009' 베스트 재패니즈 블렌디드위스키상, 베스트 재패니즈 블렌디드위스키 논에이지 부문 5년 연속 수상, 2015년 '인터내셔널 스피릿 챌린지'에서 최고상을 받는 등 해외에서도 높은 평가를 받고 있다.

테이스팅

먼저 스트레이트부터 마셔보았다. 향은 바닐라 느낌이 강하고 달콤한 우디함도 있다. 마셔보니 역시 바닐라 맛이 강하고 감칠맛이 나며 보디감과 쿠키 같은 단맛도 났다. 도수가 높고 맛이 진해서 스트레이트도 맛있다. 끝까지 달콤함이 남고 뒷맛도 부정적인 요소가 느껴지지 않는다. **도수가 높아 독하다면 조금씩 물을 첨가하도록 하자.** 물을 몇 방울 첨가하면 입에 닿는 느낌이 매우 부드러워지고 향이 단번에 풀려서 서서히 프루티한 느낌으로 바뀐다. 맛도 부드러워진다.

다음으로 온 더 록으로 마셔보았다. 부드러워지지만 차가워서 단맛이 억제되고 쓴 뒷맛을 보여준다. 마시는 순간에는 매우 달콤하게 느껴졌다.

마지막으로 하이볼을 마셔봤다. 과일 향미가 나며 달콤했다. 희미하게 스모키함도 느껴지는데 모든 맛이 튀지 않고 **균형감이 매우 좋았다. 도수가 높아서 위스키의 맛이 제대로 느껴졌다.** 뒷맛에는 셰리 캐스크 특유의 향미도 희미하게 느껴져서 만족감이 높았다.

일본에서는 마트 등의 주류 코너에 '프롬 더 배럴'이 입고되는 경우가 많다.

일본 블렌디드위스키
히비키 2종 비교 시음

개요

'재패니즈 하모니'와 '블렌더스 초이스'는 산토리의 블렌디드위스키로 **야마자키 증류소, 하쿠슈 증류소, 치타 증류소의 원주를 모두 블렌딩**했다. 모두 숙성 연수는 없지만 '블렌더스 초이스'는 장기 숙성 원주와 와인 캐스크에서 숙성한 원주를 사용해서 풍성한 느낌을 준다.

테이스팅

먼저 스트레이트로 마셔보았다. '블렌더스 초이스'는 달콤한 향, 벌꿀과 감귤 느낌이 났다. 절제된 단맛과 과일 향미, 약간의 스파이시함도 느껴졌다. 뒷맛으로 우디한 떫은맛과 다크 초콜릿 맛이 남았다. '재패니즈 하모니'의 향은 과일 느낌이 들고 화려하지만 동시에 알코올감도 느껴졌다. 마시면 **부드러운 단맛과 벌꿀의 감칠맛**이 났다. 뒷맛은 약간의 스파이시함과 비터함이 남았다.

온 더 록으로 맛보았다. '블렌더스 초이스'는 감귤류의 상쾌하고 화려한 인상이 강했다. 뒷맛은 쓰지만 단순히 쓴맛만 부각되지 않고 오크통의 우디한 맛이 여운으로 남았다. 여기에 물을 더해서 **미즈와리로 마셔보니 단맛이 억제되고 쓴맛이 좀 더 강해졌다.** '재패니즈 하모니'는 얼음이 녹으면서 알코올감이 사라지고 과일 향미가 강조되었다. 뒷맛은 쓴맛이 강하므로 물을 몇 방울 넣어서 조절하면 좋다. 미즈와리로 마시니 플로럴한 향과 우디한 향이 어렴풋이 코로 밀려와 입안이 따뜻해지면 은은한 단맛이 느껴졌다. 히비키는 옛날부터 주점이나 클럽에서 마시는 수요가 압도적으로 많았기 때문에 미즈와리나 온 더 록으로 만들었을 때의 균형감을 고려하지 않았을까 싶다.

'블렌더스 초이스'는 현재 단종된 '히비키 17년'의 뒤를 잇는 제품으로 발매했지만 **'히비키 17년'과는 맛의 방향성이 다르다.** 좀처럼 쉽게 구할 수 없는 제품들이지만 구비한 바나 음식점도 있으므로 기회가 된다면 비교 시음해보기를 바란다.

일본 블렌디드위스키
고급 홈바 하이볼! '산토리 로얄'

개요

산토리 창업 60주년을 기념해 '산토리 올드'의 상위 버전으로 출시한 제품이다. 창업자인 토리이 신지로의 유작으로 알려졌으며 술병은 한자 '酒(술 주)'를 모티브로 디자인했다고 한다. 용량이 660mL인 슬림 보틀도 출시했는데 돌려서 열 수 있는 스크류캡이라 보관하기 편하다.

테이스팅

먼저 스트레이트. 향은 매우 고급스럽고 풋사과와 같은 과일 느낌과 건포도를 연상시키는 베리 계열 향도 났다. 이 두 향이 잘 융합되어 **직감적으로 '좋은 향기!'라고 느꼈다.** '품격', '화려함'이라는 단어가 잘 어울린다. 단맛이 강하고 꾸덕한 벌꿀의 부드러움이 느껴졌고 뒷맛에는 희미하게 건포도 같은 향미가 나면서 뛰어난 균형감을 보여줬다. 다만 너무 달다고 느낄 수도 있다.

다음으로 온 더 록을 마셔보았다. 온 더 록은 취향이 다양해서 제대로 저어서 차갑게 마시는 사람도 있고 천천히 변화를 즐기며 마시는 사람도 있다. 이번에는 후자로 마셨다. 입안 전체에 잘 익은 베리의 달콤함이 감돌고 바닐라 맛이 더욱 강조된 느낌이었다. 차가워서인지 뒷맛에 약간 쓴맛이 났다. 셰리 캐스크의 건포도 느낌이 난다는 사람도 많은데 **버번 캐스크의 깊은 바닐라 풍미가 압도적**이었다. 온 더 록은 차가워지면서 점점 단맛이 억제되므로 단맛을 어느 정도 조절할 수 있다. 그래도 달다면 물을 조금 넣어서 마시면 된다.

다음에는 미즈와리다. 고급스러운 향이 퍼지며 부드러운 감칠맛과 단맛이 느껴졌다. 뒷맛은 깔끔한 편이고 편안한 플로럴 아로마가 입안에 남았다.

마지막으로 하이볼을 마셔보았다. 과일 향미에 더해 약간 날카로운 느낌도 났다. 벌꿀 같은 달콤함이 고급스러웠다. 위스키 맛이 강한 편이라서 음식과 매치하기보다는 식후에 차분히 즐기기에 더 적합했다. 탄산수의 양을 늘려 은은한 느낌으로 즐긴다면 음식과도 어울릴 수 있겠다.

일본 블렌디드위스키
'산토리 올드'와 '스페셜 리저브'

개요

일본 위스키 역사에서 빼놓을 수 없는 두 제품. '산토리 올드'의 정식 발매는 1950년, '스페셜 리저브'는 1969년으로 모두 **수십 년 동안 단종 없이 사랑받았다.** 두 제품 모두 산토리의 야마자키 증류소, 하쿠슈 증류소, 치타 증류소의 원주만으로 블렌딩한 재패니즈 블렌디드위스키다.

테이스팅

먼저 '산토리 올드'부터 마셔보았다. 스트레이트는 셰리 캐스크에서 온 건포도 같은, 화려한 과일 같은 고급스러운 향기가 났다. 맛도 과일 느낌이고 보디감도 탄탄하며 알코올 느낌도 둥글둥글하고 튀지 않았다. 온 더 록으로 마시면 단맛을 다소 억제할 수 있지만 여전히 화려한 건포도 풍미와 뒷맛으로 은은한 단맛이 남았다. 하이볼로 마셔도 화려한 과일 향미가 그대로 남아 있어 균형감이 좋았다. **어떻게 마시든 맛이 무너지지 않는 다재다능한 블렌디드위스키다.**

다음으로 '스페셜 리저브'를 마셔보았다. 스트레이트에서는 은은한 풋사과의 상큼함, 바닐라의 달콤함이 탄탄하게 느껴졌다. 뒷맛에는 기분 좋은 과일 향미도 있다. 온 더 록으로 마셔도 단맛이 확실히 느껴지며 시간이 지날수록 부드러워지므로 **변화를 느끼며 천천히 마시기에 좋다.** 하이볼은 풋사과 느낌이 더해져 은은하고 부드러운 단맛이 있고 뒷맛으로 신맛과 쓴맛도 느껴졌다.

옛날에는 고가여서 사람들이 동경했지만 지금은 싱글 몰트위스키의 인기에 가려 다소 눈에 띄지 않는 존재가 되었다. 거의 변하지 않은 병 디자인도 진부하다고 생각하는 사람이 많다. 하지만 다른 인기 위스키와 비교해도 뒤지지 않는 맛과 **재패니즈 위스키의 뛰어난 균형감**을 즐길 수 있는 제품이다. 일본에서는 구하기 쉽고 가격도 합리적이라 흠잡을 데 없는 재패니즈 위스키라고 생각한다.

일본 블렌디드위스키
블랙 니카 3종 비교 시음

개요

니카 위스키의 블렌디드위스키 블랙 니카는 1952년에 출시된, 역사가 깊은 제품이다. 일본에서는 산토리 '가쿠빈'에 버금가는 매출을 자랑한다.

현재 출시된 4종 중 인기가 높은 '딥 블렌드', '리치 블렌드', '스페셜' 3종을 비교해보았다.

테이스팅

먼저 스트레이트다. '스페셜'은 꿀 같은 향기와 뒤에 피어오르는 화려한 셰리 느낌, 흙 같은 스모키함도 느껴진다. 맛은 향을 그대로 반영해 **꿀, 말린 과일, 피트의 균형감이 좋다.** '딥 블렌드'는 우디함과 바닐라 같은 감칠맛이 나며 다소 트로피컬한 과일 향미도 엿볼 수 있어 **위스키의 풍미를 잘 느낄 수 있는 맛**이었다. '리치 블렌드'는 먼저 셰리 캐스크에서 온 듯한 화려하고 플로럴한 향이 피어올랐다. 맛은 신선하면서 가벼웠고 은은한 달콤함과 고소함이 느껴졌다.

계속해서 온 더 록으로 마셔보았다. '스페셜'은 건포도 같은 향미가 돋보였다. 차가워져도 꾸덕한 벌꿀 같은 단맛이 남았다. '딥 블렌드'는 단맛이 억제되면서 피트가 두드러졌다. 다소 씁쓸해졌지만 균형감은 좋았다. '리치 블렌드'도 차가워지니 단맛이 눌리고 말린 과일 풍미가 느껴졌다. 세 병 중에서 쓴맛이 가장 강했다.

마지막으로 하이볼로 맛보았다. '스페셜'을 입에 머금으면 과일 맛과 크리미한 감촉, 뒷맛으로 은은한 스모키함이 남았다. '딥 블렌드'는 제대로 된 바닐라의 감칠맛이 느껴졌으며 알코올감이 두드러진 진한 맛이 좋았다. '리치 블렌드'는 곧바로 셰리 캐스크의 느낌이 피어올랐다. 온 더 록을 마셨을 때 느낀 쓴맛도 그대로 남아 있어 달콤함과 씁쓸함이 절묘했다.

블랙 니카 시리즈 중 이 3종은 가성비가 좋아 인기가 많다. 다양하게 마셔보길 바란다.

일본 블렌디드 몰트위스키
니카 위스키의 '니카 세션'

개요

'니카 세션'은 요이치 증류소와 미야기쿄 증류소, 그리고 니카 위스키가 소유한 스코틀랜드의 벤네비스 증류소의 몰트위스키 원주를 중심으로 스코틀랜드의 여러 몰트위스키 원주를 혼합한 블렌디드 몰트위스키다.

테이스팅

먼저 스트레이트로 마셨다. 과일 느낌 향이 피어올라 상큼했다. 약간의 스모키함과 시트러스한 요소도 있지만 달콤한 과일 향이 강했다. 진하지 않은 벌꿀의 달콤함이 느껴지는 부드러운 맛이다. 한 모금 머금다가 넘기면 뒷맛으로 스모키함이 난다. 살짝 쓴 감이 있지만 신경 쓰일 정도는 아니었다. 술술 넘어가는 편안한 위스키다.

물을 몇 방울 넣어 마셔보았다. 더욱 부드러워졌지만 쓴 느낌은 강조되었다. 주질이 가볍다고 생각했는데 그렇게까지 가볍지만은 않았다. 벌꿀 같은 단맛이 보디감을 강화해주는 듯하다.

온 더 록을 마셔보았다. 단맛이 억제되고 쓴 느낌이 튀어나왔다. 극단적이지는 않고, 온 더 록을 즐겨 마신다면 허용 범위일 것이다. 차가워지면 단맛이 누그러져 산뜻한 맛으로 즐길 수 있다.

온 더 록에 물을 몇 방울 넣어보았다. 쓴맛이 부드러워지고 시트러스한 느낌의 화려하고 단 과일 맛이 느껴졌다.

마지막으로 하이볼을 마셔보았다. 크리미함이 강조되고 시트러스한 느낌의 과일 향이 상쾌함을 준다. 공식 홈페이지에서 소개한 '세션 소다'라는 하이볼 제조 비율은 **위스키1:탄산3**이다. '니카 세션'의 개성을 하이볼에서도 제대로 느끼려면 위스키의 비율을 조금 더 늘려도 좋다. 다만 식사 자리라면 '세션 소다' 비율이 어울릴 듯하다. 개성이 절제되어 가벼운 하이볼이 되므로 음식 맛을 방해하지 않을 것 같다. 이 비율을 기준으로 조금씩 농도를 조정하여 나만의 하이볼 비율을 찾아보자.

일본 싱글 그레인위스키
'기린 싱글 그레인위스키 후지'

개요

'기린 싱글 그레인위스키 후지'는 기린이 2020년에 발매한 싱글 그레인위스키다(사진은 패키지가 바뀌기 전의 제품). 기린 후지고텐바 증류소에서는 3가지 타입의 증류기로 그레인위스키를 제조하며 깔끔하고 가벼운 스카치 타입, 버번 타입, 그리고 캐나디안 타입의 원주를 혼합했다. 병 바닥에 후지산이 디자인돼 있어 특이하고 고급스럽다.

테이스팅

먼저 스트레이트다. 향은 과일처럼 달콤하며 캐스크의 우디함이 느껴졌다. 같은 시기에 발매된 '리쿠'와 비교하면 버번 타입 원주가 더 강했다. **입술에 닿는 감촉은 부드럽고 익은 사과 맛**, 캐나디안 타입 원주의 스파이시함도 느껴졌다. 뒷맛은 우디한 향이 은은하게 남았다. 물을 한 방울만 넣어도 향이 많이 피어나고 단맛이 강해졌다. 몇 방울 더 넣으니 캐스크에서 비롯된 떫은맛도 느껴졌다.

온 더 록으로 마셔보았다. 단맛이 굉장히 강해졌다. 일반적으로 온 더 록으로 마시면 단맛이 억제되는데 '후지'는 차가워지니 익은 사과 같은 단맛이 강조되었다. 반면에 다크 초콜릿의 쓴맛도 느낄 수 있었다. 전체적으로 크리미함이 더해져 **천천히 조금씩 마시기에 적합**했다.

하이볼로 마셔보았다. 마시는 순간 상쾌해졌다. 1:3 비율이면 **가볍고 은은하게 감도는 단맛으로 식사와도 매치하기 쉬울 것**이다. 위스키의 개성을 더 느끼려면 위스키양을 조절하면 된다.

마지막으로 기린의 마스터 블렌더가 제안하는 방식으로 마셔보았다. 큼직한 와인잔을 준비해서 스트레이트로 마셨다. 잔을 돌리면 향이 피어오른다고 하는데 공기에 닿는 면적이 큰 만큼 **알코올 성분이 휘발되면서 향이 더 강해졌다.** 그리고 새끼손가락 끝마디 크기의 얼음을 넣어서 온도를 살짝 낮추면 맛이 더 단단해진다고 한다. 위스키는 온도와 물 첨가에 따라 표정이 달라진다. 상황에 따라 취향에 맞는 온도로 조절해서 맛을 바꿔보는 것도 재미있다.

스코틀랜드(스카치) 싱글 몰트위스키
더 글렌리벳 4종 비교 시음

개요

표준적인 맛이라 싱글몰트 스카치위스키 입문용으로 자주 소개되는 제품. 영국 정부 공인 제1호 증류소로도 아주 유명하다. 이름 뜻은 게일어로 '고요한 골짜기'다.

테이스팅

먼저 '더 글렌리벳 12년'을 마셔보았다. 스트레이트는 상쾌하고 민트 같은 시원하고 청량한 향이 느껴졌다. 마셔보면 바닐라나 멜론 과육 같은 맛이 났다. 알코올감은 별로 없었다. **온 더 록은 단맛이 억제되는 만큼 청량함이 한층 더 하다.** 입안에서 온도가 올라가니 단맛이 조금씩 입 전체로 퍼졌다. 하이볼은 상쾌한 맛이지만 혀에 닿는 감촉은 크리미했다. 단맛은 옅었고 뒷맛에서 다소 쓴맛이 느껴졌다.

'더 글렌리벳 파운더스 리저브'를 마셔보았다. 묵직하고 달콤한 향, 흑설탕이나 레몬 껍질 같은 향이 났다. '12년'에 비하면 **다소 무거운 미들보디**에 상큼함보다 쿠키나 흑설탕의 단맛이 강하다. 부드럽게 넘어가는 맛이었다. 온 더 록에서는 쓴맛이 강해졌고 하이볼에서는 지금까지 없었던 사과 느낌이 났다. 쓴 향미가 탄산으로 완화된 듯했다. '12년'이 청량하고 크리미한 하이볼이라면 '파운더스 리저브'는 과일 향미의 하이볼이다.

'더 글렌리벳 15년'을 마셔보았다. 잔에 따를 때 다소 단단한 느낌이 들었다. 공기가 닿으면서 과일 향이 피어올랐고 견과류 껍질의 떫은맛도 느껴졌다. 입에 닿을 때는 포도의 신선함과 감칠맛이 느껴졌다. 온 더 록은 감촉이 부드러워지고 쓴맛도 줄어서 달콤한 맛을 천천히 즐기기에 좋았다.

마지막으로 '더 글렌리벳 18년'을 마셔보았다. 네 병 중 향이 가장 좋고 버번 캐스크의 단맛이 확실하고 셰리 캐스크의 과일 향미도 더해져 고급스러운 맛이었다. 온 더 록은 크리미하고 부드러운 맛이 입 전체에 퍼졌다. 하이볼은 **크리미한 감촉과 건포도의 과일 향미를 느낄 수 있었다.**

이 네 병은 어떤 식으로 마시든 균형이 잘 잡힌 좋은 제품이다. 기회가 되면 비교하며 마셔보자.

스코틀랜드(스카치) 싱글 몰트위스키
맥캘란의 대표 3종 비교 시음

개요

세계에서 가장 시장가치가 높고, 싱글 몰트위 스키계의 롤스로이스로 평가받는 맥캘란의 대 표 제품 3종을 비교 시음했다. '맥캘란 셰리 오 크 12년'과 '맥캘란 더블 캐스크 12년'은 셰리 캐스크 원주만 사용했고 '맥캘란 트리플 캐스 크 12년'은 셰리 캐스크 원주 2종과 버번 캐스 크 원주를 혼합한 구성이다.

테이스팅

먼저 '셰리 오크 12년'을 마셔보았다. 향은 플로럴하고 화려한 건포도, 바닐라의 달콤함, 타닌의 떫은 느낌이 났다. 맛은 드라이하고 스파이시하며 경쾌했다. 커피의 고소함과 쓴 뒷맛도 느꼈다. 온 더 록 은 셰리 캐스크에서 온 건포도 느낌이 두드러졌다. 얼음이 녹으면 너무 가벼워지지 않을까 생각했는 데 입안에서 온도가 올라가며 서서히 바닐라의 단맛과 건포도 향이 퍼졌다. 차갑게 마시면 셰리 캐스 크 느낌이 더 드러나 가벼운 보디감을 보충해준다. 하이볼은 뒷맛에 부드러운 과일 풍미가 남는 고급 스러운 맛이었다. 셰리 캐스크류의 위스키 하이볼은 아린 맛이나 고무가 타는 듯한 풍미가 강조되는 경우도 있는데 **라이트보디라서 그런지 탄산수와 잘 어울렸다.**

다음은 '더블 캐스크 12년'을 마셔보았다. 과일 향과 함께 우디한 타닌에서 오는 떫은 향이 느껴졌다. 마시면 단맛이 확실하고 뒷맛으로는 쓴맛이 드러나는데 시간이 지날수록 강해졌다. 커피 같은 감칠 맛과 고소함도 느껴졌다. 향의 화려함은 '셰리 오크'가 더 강하지만 '더블 캐스크'는 무게감이 있고 온 더 록으로 마시면 셰리 캐스크의 아린 맛과 커피의 고소함이 뚜렷해진다. 하이볼에서는 쓴맛이 완화 되었지만 **보디감이 탄탄해서 마시는 느낌이 좋았다.**

'트리플 캐스크 12년'은 신 과일 맛과 약간 파인애플과 같은 트로피컬한 느낌 외에 버번 캐스크 맛이 났다. 온 더 록은 바닐라의 단맛과 감칠맛, 레몬 껍질류의 쓴맛과 감귤 느낌도 있다. 하이볼은 위스키 의 특징이 사라져 라이트한 맛이 되지만 **진하게 만들면 벌꿀의 꾸덕한 달콤함을 즐길 수 있다.**

스코틀랜드(스카치) 싱글 몰트위스키
글렌알라키 소개와 시음

개요

셰리 캐스크 계열의 싱글 몰트위스키라고 하면 맥캘란이나 달모어가 먼저 떠오르지만 글렌알라키도 최근 주목받는 브랜드다. 업계의 유명 프로듀서인 빌리 워커가 블렌드용 원주를 주로 제조하던 글렌알라키 증류소를 인수한 후, 새로운 제품을 잇달아 출시해 세계적인 품평회에서 높은 평가를 받았다.

테이스팅

대표 제품인 '글렌알라키 12년'과 '글렌알라키 15년'을 비교 시음해보았다.

먼저 '12년'을 마셔보았다. 레드 와인에서 느껴지는 타닌과 과일 향, 벌꿀 향이 났다. 입에 머금자 처음에는 벌꿀의 달콤함과 말린 과일 맛이 느껴지다가 커피의 감칠맛과 카카오의 쓴 느낌이 뒷맛으로 남았다. **셰리 캐스크의 아린 맛을 싫어하는 사람도 별다른 저항 없이 마실 만큼 균형감이 좋았다.**

다음으로 '15년'을 마셔보았다. 올로로소 셰리 캐스크 원주와 달콤한 맛이 특징인 페드로히메네스 셰리 캐스크 원주를 혼합했다. '12년'보다 **더 진하고 단맛도 강하며 달콤한 향**이 특징이다. 고소함과 설탕을 묻힌 건포도처럼 응축된 베리 계열의 단맛이 느껴졌다. 뒷맛에는 감귤 느낌도 약간 있었다.

온 더 록으로 마셔보았다. '12년'은 단맛이 줄고 과일 향이 두드러진 깔끔한 맛. '12년'과 '15년' 모두 온 더 록이 잘 어울린다.

하이볼로 맛보았다. '12년'은 크리미하고 과일 향미가 있었고, '15년'은 건포도 같은 과일 향미가 제대로 났으며 뒷맛으로 고무가 탄 듯한 느낌이 약간 있었지만 아린 맛이 강한 셰리 캐스크 계열과 비교하면 균형감이 좋았다. 글렌알라키는 같은 '12년'이라도 **발매 연도에 따라 맛이 달라 항상 소중하다.** '12년'과 '15년'은 느낌이 확연히 나뉘니 시음하면서 무엇이 자기 취향인지 알아보시기를 바란다.

스코틀랜드(스카치) 싱글 몰트위스키
인기 급상승! 글렌드로낙

개요

글렌드로낙은 셰리 캐스크에서 숙성한 싱글몰트 스카치위스키로 유명한 브랜드 중 하나다. 1826년 설립 이후 여러 차례 주인이 바뀌면서 시대에 따라 제조법을 바꿔왔다. 현재는 잭 다니엘을 소유한 브라운포맨사에 속해 있다. 셰리 캐스크 숙성을 고집하기로 정평이 나 있으며 라인업도 풍부하다.

테이스팅

이번 비교 시음은 '글렌드로낙 피티드'와 '글렌드로낙 트래디셔널리 피티드'다. 논피트가 대부분인 글렌드로낙 증류소지만 일부러 피티드 제품을 선택했다. 이름에서는 차이를 알기 어렵지만 '피티드'는 버번 캐스크 원주와 올로로소 셰리 캐스크 및 페드로히메네스 셰리 캐스크의 원주를 혼합한 제품이고 '트래디셔널리 피티드'는 셰리 캐스크 원주에 포트와인 캐스크 원주를 혼합한 제품이다.

먼저 '피티드'부터 마셔보았다. 플로럴하고 바닐라 느낌의 달콤한 향이 났다. 보디감은 가볍고 달콤함과 함께 뒷맛으로 나무를 태운 듯한 스모키함이 코로 빠져나갔다. 일반적인 글렌드로낙에 비해 **셰리 캐스크 원주의 과일 같은 특징은 적지만, 버번 캐스크에서 비롯된 바닐라의 단맛이 느껴졌다.**

다음은 '트래디셔널리 피티드'를 마셔보았다. 탄탄한 피트 향과 셰리 캐스크의 과일 향미가 강했으며 이 두 가지 특징이 **복잡한 풍미를 느끼게 해줬다.** 스모키한 뒷맛과 동시에 시트러스함과 보리의 단맛이 입안에 오래 남았다.

하이볼로도 마셔보았다. '피티드'는 단맛이 누그러지고 스모키한 느낌이 강해졌다. '트래디셔널리 피티드'는 두드러지는 셰리 캐스크 풍미에 스모키함이 어우러져 개성 넘치는 하이볼이 되었다. 피티드 위스키를 좋아하는 사람도 호불호가 확연히 갈리는 개성 강한 맛이다.

글렌드로낙 증류소가 하이랜드 지역의 증류소라서 그런지 **아일러섬의 피티드위스키에서 느껴지는 요오드 느낌은 없었고 나무를 태운 듯한 건조하고 오일리한 스모키함이 주로 느껴졌다.**

149

스코틀랜드(스카치) 싱글 몰트위스키
토마틴 대표 2종 비교 시음

개요

스코틀랜드 하일랜드에 있는 토마틴 증류소의 '토마틴 12년'과 '토마틴 레거시'를 비교 시음했다. 토마틴 증류소는 1897년에 창업해 1974년에는 스코틀랜드 최대의 몰트위스키 증류소가 되었지만 1980년대에 경영 부진에 빠졌고, 1986년에 일본 기업이 최초로 인수한 스카치 위스키 증류소가 되었다. 현재는 생산량을 줄이고 품질을 중시하는 정책을 펼치고 있지만 싱글 몰트위스키 제조에는 힘을 쏟고 있다.

테이스팅

먼저 '레거시'부터 마셔보았다. 진한 바닐라, 그다음에 풋사과의 신선하고 가벼운 향이 느껴졌다. 입술에 닿는 순간 바닐라와 몰트의 소박한 단맛이 입 전체에 골고루 퍼졌고 뒷맛으로 쓴 여운이 남았다. 알코올 느낌은 있지만 새 캐스크를 사용해서인지 **우디한 느낌**이 있어 얼음을 넣으면 단맛이 억제되고 쓴맛이 강조되었다.

다음으로 '12년'을 마셔보았다. 버번 캐스크와 리필의 혹스헤드 셰리 캐스크에서 숙성한 원주를 혼합하여 약 8개월간 셰리 캐스크에서 후숙한, 셰리 캐스크 피니시 제품이다. 바닐라 향과 셰리 캐스크 특유의 건포도 향이 두드러지며 대중적인 제품치고는 개성이 강했다. 맛은 **셰리 캐스크 특유의 과일 맛과 함께 은은한 피트도 느꼈다.** 달콤하지만 신선한 알코올의 자극도 느껴졌다. 복잡한 맛이라서 취향이 갈릴 것 같다. 온 더 록으로 마시면 서서히 얼음이 녹아 희석되므로 알코올 자극이 완화되고 부드러워졌다. 건포도 느낌이 여전했고 감촉도 크리미해졌다. 하프 록으로 마시니 균형이 좋았다.

하이볼로 마셔보았다. '레거시'는 생각보다 깔끔했고 씁쓸한 뒷맛이 드라이한 인상을 줘서 식사와 함께하기 좋은 맛이었다. '12년'은 **전형적인 셰리 캐스크 향미가 강조된 과일 풍미가 특징적이었다.** 뒷맛으로 적당한 피트도 느껴졌다. 크게 거슬리지는 않았지만 호불호가 갈릴 것 같다.

스코틀랜드(스카치) 싱글 몰트위스키
아드벡 대표 5종 비교 시음

개요

아드벡은 스카치위스키 중에서도 호불호가 심한 브랜드이며 아일러섬의 피트를 좋아하는 열광적인 팬들을 거느리고 있다. 왼쪽부터 '아드벡 10년', '아드벡 위비스티 5년', '아드벡 안오', '아드벡 코리브레칸', '아드벡 우가달'이다.

테이스팅

먼저 '10년'부터 마셔보았다. 버번 캐스크에서 10년 이상 숙성된 원주를 블렌딩한 제품으로 **단맛과 스모키함의 균형이 뛰어났다**. 감귤류의 향기와 약품 같은 향도 특징 중 하나이며 뒷맛으로 스모키한 느낌이 강조되지만, 전체적으로는 드라이하고 달콤하며 부드러웠다. 온 더 록은 타는 듯한 스모키함과 단맛이 도드라지고 하이볼로 마시면 몰트의 단맛과 바닐라가 느껴졌다. **'10년'은 어떤 식으로 마시든 밸런스 좋은 개성을 뽐냈다.**

'위비스티 5년'을 마셔보았다. 버번 캐스크 외에 올로로소 셰리 캐스크 원주도 사용했다. 가볍고 신선하지만 셰리 캐스크 특유의 맛과 향도 제대로 느낄 수 있었다.

'안오'를 마셔보았다. 버번 캐스크 원주 외에 달콤함을 주는 페드로히메네스 셰리 캐스크 원주와 새 오크 캐스크를 사용해서 그런지 맛이 복잡했다. **전체적으로 둥그스름한 맛과 향이 났다.** 스모키함도 둥글고 부드러워서 아드벡 특유의 높은 타격감을 추구하면 조금 부족할지도 모른다.

'코리브레칸'을 마셔보았다. 버번 캐스크 원주 외에 프렌치 오크 캐스크 원주를 사용했고 캐스크 스트렝스로 병입했다. 스모키함과 젖은 나무의 우디한 향, 타닌의 떫은맛. 뒷맛은 스파이시함과 커피의 감칠맛이 돋보였다. 물을 조금 넣으니 순식간에 과일 향이 피어오르고 **우디함이 강조되었다.**

마지막으로 '우가달'을 마셔보았다. 셰리 캐스크 원주와 버번 캐스크 원주를 혼합하여 캐스크 스트렝스로 병입했다. 달콤하고 스모키하며 말린 과일 향, 요오드 향도 느껴져 전체적으로 균형이 잘 잡혀 있고 부드러웠다. 견과류나 커피의 감칠맛, **벌꿀 같은 단맛이 고급스러웠다.**

스코틀랜드(스카치) 싱글 몰트위스키
보모어 대표 3종 비교 시음

개요

보모어 증류소는 스코틀랜드 아일러섬에 있는 증류소로, 일본 산토리 소유다. 아일러섬에서 가장 오래된 증류소이며 아일러의 피티드위스키 입문자에게 많이 소개한다. 고급스럽고 바다가 떠오르는 맛 때문에 **'바다의 싱글 몰트위스키'라고도 한다.** 전통 제조법을 고집하는 역사 깊은 증류소다. 보모어의 대표 제품 '12년', '15년', '18년' 3종을 비교해보았다.

테이스팅

먼저 스트레이트로 마셔보았다. '12년'은 바다 향을 스모키함으로 감싼 듯하며 부드러운 벌꿀의 달콤한 향도 느껴졌다. 스모키함과 다크 초콜릿의 감칠맛이 났고 뒷맛은 스모키함과 동시에 부드러운 단맛이 남았다. 밸런스가 좋아 맛이 **안정적이며 아일러 몰트위스키의 장점이 잘 담겨 있었다.** '15년'은 버번 캐스크에서 12년간 숙성한 원주를 올로로소 셰리 캐스크로 3년간 더 숙성한 것. '12년'과 비교하면 차분한 피트감, 건포도의 달콤함과 과일 향이 났다. 벌꿀의 달콤함과 요오드감, 우디한 뒷맛도 느꼈다. 셰리 캐스크 특유의 맛도 있지만 아린 맛 없이 부드럽고 단 과일 느낌이다. 3종 중에서도 '15년'은 세계적인 품평회 수상 경력이 많다. '18년'은 셰리 캐스크 원주의 비율이 높아 **과일 향미가 한층 더 두드러졌다.** 스모키함도 있지만 잘 익은 진한 베리 향에서 숙성감을 느꼈다. 초콜릿 같은 깊은 단맛과 스모키함이 오래도록 입안에 남았다.

온 더 록으로 마셔보았다. '12년'은 단맛이 억제되어 조금 써졌지만 과일 같은 맛이었다. '15년'은 부드러운 단맛과 적당한 스모키함이 느껴졌다. '18년'은 차가워져도 향기를 유지했고 입안에서 따뜻해지자 초콜릿과 같은 달콤함이 뒷맛으로 남았다. 모두 균형이 좋고 차가워져도 단맛과 과일 향미, 스모키함의 조화가 훌륭했다.

소개한 보모어 3종은 전체적으로 생각하면 스모키함이 돋보이지만 그 속에 숨어 있는 맛도 있었다.

브룩라디 증류소 2종 비교 시음

개요

스코틀랜드 아일러섬에 위치한 브룩라디 증류소는 **스코틀랜드산 보리만을 사용하는 등 지역색(테루아)을 소중히** 여길 뿐만 아니라 정보의 투명성도 중시한다. 여기서는 논피트 타입 '브룩라디 더 클래식 라디'와 헤비 피티드 시리즈 '포트샬롯 10년'을 비교해보았다.

테이스팅

'더 클래식 라디'를 마셔보았다. 피티드 몰트를 일절 사용하지 않은 논피트 타입의 싱글 몰트위스키다. 브룩라디의 표준 제품으로 다양한 타입의 캐스크 원주를 혼합했다. 과일 향이 나면서 몰트의 아로마, 감귤류의 시트러스함과 플로럴함이 점차 강해졌다. **몰트의 단맛과 벌꿀, 그리고 스파이시하고 깔끔한 뒷맛**을 보여주며 탄탄한 맛을 자랑했다. 온 더 록은 몰트의 단맛이 억제돼 은은하게 느껴졌다. 끈적한 벌꿀 같은 크리미함, 입안에서 온도가 올라가니 단맛이 뒷맛으로 남았다.

'포트샬롯 10년'을 마셔보았다. 10년 이상 숙성된 버번 캐스크 원주를 주로 사용하고 프렌치 와인 캐스크의 원주를 혼합했다. 향은 나무를 태운 듯한 바비큐와 스모크 향. 그 뒤로 감귤과 고소한 쿠키 향이 이어졌다. 마셔보니 벌꿀과 시트러스한 감귤의 단맛이 제대로 느껴졌다. 뒷맛으로 열대 과일의 트로피컬함, **드라이한 스모키함이지만 그 속에 탄탄한 과일 향미와 달콤함**을 느낄 수 있었다. 온 더 록으로는 벌꿀 같은 단맛이 더욱 강조되어 달콤함과 감칠맛이 함께 느껴졌다.

브룩라디는 다소 실험적인 슈퍼 헤비 피티드 시리즈인 옥토모어를 매년 사양을 바꿔 출시한다. 전체 스카치위스키 중에서도 페놀 수치가 가장 높은 싱글 몰트위스키라 마니아도 많다. 또 브룩라디 증류소는 스카치위스키 증류소 중에서도 원재료와 캐스크 등을 선택할 때부터 개성을 고집하는 혁신적인 존재다. **제품 정보도 충실해서 역사와 배경을 알고 더욱 즐겁게 마실 수 있다.** 앞으로 어떤 싱글 몰트위스키를 발매할지 기대된다.

스코틀랜드(스카치) 싱글 몰트위스키
큰 인기의 탈리스커란?

개요

스코틀랜드 스카이섬에 위치한 탈리스커 증류소. 현재 조니워커로 유명한 디아지오 소유이며, 조니 워커의 키몰트를 생산하는 중요한 증류소다. 만성적인 물 부족에 시달렸지만 몇 년 전에 해수를 사용한 냉각 시스템을 도입해 이를 해소했다. 생산 능력도 연간 최대 190만ℓ에서 최대 330만ℓ로 대폭 향상되었다. 판매량도 점점 늘어 현재 연간 판매량이 전 세계적으로 300만 병에 이른다.

라인업

스카이섬은 '안개 섬'으로도 불리며, 여기서 생산되는 탈리스커를 마치 바닷바람을 맛보는 듯한 풍미라고도 표현한다. 탈리스커의 모든 라벨에는 'MADE BY THE SEA'라고 적혀 있는데, 이는 탈리스커가 추구하는 맛이기도 하다. 탈리스커는 표준이라 할 만한 제품이 적은 편이며 독립병입자의 제품도 적어 선택할 때 별로 고민할 필요가 없다.

탈리스커 증류소의 대표 제품은 '탈리스커 10년'이다. 스모키하고 힘차며 바다 맛을 제대로 느낄 수 있는, **아일랜드 지역 몰트위스키를 대표하는 제품**이다. '스파이시 하이볼'이라고 해서 '탈리스커 10년'으로 만든 하이볼에 흑후추를 뿌려 마시는 방법도 있는데, 스파이시하고 매우 독특한 맛을 즐길 수 있어 추천한다.

그 밖에 '탈리스커 18년'은 부드러운 스모키함과 부드럽고 포근한 단맛을 느낄 수 있다. 버번 캐스크 원주만 사용한 '탈리스커 25년'은 싱글 빈티지로 1년에 한 번 병입한다. 그리고 '탈리스커 스카이', '탈리스커 스톰', '탈리스커 포트 리', '탈리스커 다크 스톰', '탈리스커 디스틸러스 에디션' 등이 있다.

탈리스커는 최근 하이볼 수요가 커지며 큰 인기를 끌고 있으며 앞서 살펴본 '하이볼에 가장 잘 어울리는 위스키' 시청자 설문조사에서도 2위에 올랐다. **피트의 스모키한 향과 스파이시한 여운에 매료된 팬들이 매우 많다.** 탈리스커가 궁금하다면 먼저 '10년'부터 마셔보기를 추천한다.

스코틀랜드(스카치) 블렌디드위스키
'발렌타인 7년'과 '발렌타인 12년'

개요

발렌타인은 스카치를 대표하는 블렌디드위스키다. 숙성연수가 다양한 제품이 있는데 '발렌타인 7년'은 1872년에 창업자 조지 발렌타인이 처음으로 숙성연수를 표기해 발매한 위스키다. 7년 이상 숙성된 몰트위스키의 원주를 다시 버번 캐스크로 후숙시키는 캐스크 피니시 제조법을 채택했다. 가격대가 비슷한 '발렌타인 12년'과 비교 시음해보았다.

테이스팅

먼저 '7년'이다. 벌꿀 같은 달콤함과 바닐라 향이 느껴졌다. 버번 캐스크 특유의 향이다. 시간이 지나면서 점차 화려하고 플로럴한 향도 풍겨왔다. 마셔보니 풋사과나 서양배, 바닐라 맛이 이어졌으며 뒷맛으로 우디한 쓴맛과 달콤함이 남았다.

'12년'은 플로럴하고 벌꿀과 바닐라의 기분 좋은 향이 났다. '7년'과는 다른 플로럴한 향이었으며 숙성감도 느껴졌다. 순하고 크리미한 맛이고 뒷맛으로 견과류의 고소함과 스모키함이 코로 빠져나갔다.

일본 공식 홈페이지에서 제안하는, 와인글라스에 얼음을 3개 정도 넣어서 마셔보았다. '7년'은 깔끔한 단맛이지만 와인글라스의 특성으로 향이 강하게 느껴졌다. **적당히 차가워지면 얼음을 꺼내는 것이 좋을 수도 있다.** '12년'은 온 더 록으로 하면 캐러멜처럼 고소한 단맛이 있어 찐득하게 느껴졌다. 전체적으로 보디감이 무거워서 마실 만하고 시간을 들여 마시기에도 적합했다.

마지막으로 하이볼로 마셔보았다. '7년'은 쓴맛이 먼저 느껴지고 그 뒤로 크리미하면서 산뜻한 맛이 났다. **식사와 함께해도 방해되지 않을 듯하다.** '12년'도 쓴맛이 먼저 다가왔고 잘 익은 과일의 달콤한 향미와 은은한 스모키함이 뒷맛으로 느껴졌다. 균형이 좋아 만족감이 높았다.

발렌타인은 이 외에도 다양한 연수 표기 시리즈가 있다. 무엇보다 **저렴하면서도 균형이 잘 잡혀 있어 세계적으로 많이 판매되는 이유를 알 수 있는 제품**이라고 생각한다.

스코틀랜드(스카치) 블렌디드위스키
시바스 리갈 '12년' 2종 비교 시음

개요

오랜 역사를 자랑하는 시바스 리갈은 조니워커와 발렌타인에 이어 스카치위스키 판매량 세계 3위 브랜드다. 마트에서도 흔히 볼 수 있는 시바스 리갈의 '12년' 블렌디드위스키 2종을 살펴보자.

테이스팅

먼저 '시바스 리갈 12년'부터 마셔보았다. 프루티하고 플로럴한 향이 났다. 첫맛은 벌꿀 느낌, 그후로 익은 사과 향미와 바닐라의 단맛에 감칠맛도 느껴졌다. **마시기 쉽고 호불호가 없는 맛**이다.

'시바스 리갈 미즈나라 12년'을 마셔보았다. 몰트위스키 원주와 그레인위스키 원주를 혼합한 뒤에 일본 물참나무(미즈나라) 캐스크로 후숙한 제품이다. 향은 시트러스한 감귤, 산뜻한 배 같은 달콤함이 느껴졌고 맛은 익은 풋사과의 프루티함, 뒷맛으로 스파이시함이 느껴졌다. '12년'과는 대조적으로 진한 맛이었다. **깔끔하지만 너무 가볍지 않아서 좋았다.** 하지만 너무 달다고 느끼는 사람도 있을 수 있겠다.

다음은 온 더 록으로 마셔보았다. '12년'은 차가워져도 단맛을 유지했지만 뒷맛에서는 쓴맛이 느껴졌다. 스트레이트보다는 단맛이 억제되었지만 끈적한 벌꿀 느낌은 여전해서 만족감이 높았다. '미즈나라 12년'은 은은한 단맛과 쓰고 스파이시한 뒷맛을 느낄 수 있었다.

마지막으로 하이볼을 마셔보았다 '12년'은 벌꿀 느낌이 강조되고 은은하게 사과 맛이 남았다. **너무 가볍지도 무겁지도 않은 보디로 밸런스가 뛰어났다.** '미즈나라 12년'은 풋사과나 설익은 서양배 같은 과일 맛이 두드러졌다. 뒷맛으로 달콤함이 남아서 '미즈나라 12년'을 더 맛있게 느낄 수도 있다. 다만 둘 다 균형감이 좋아서 우열을 가늠하기 어렵다. 인기를 끄는 이유를 알 만했다.

시바스 리갈은 오래 사랑받아 온 브랜드로 안정적인 맛과 풍부한 라인업을 자랑한다. 두 제품은 **어떤 식으로 마셔도 높은 만족감을 주는 위스키**가 아닐까 싶다.

스코틀랜드(스카치) 블렌디드위스키
올드파 3종 비교 시음

개요

올드파는 영국 역사상 최장수 타이틀(152세)인 토마스 파를 기리기 위해 만들어진 위스키다. 병을 비스듬히 세울 수 있어 '나는 절대 쓰러지지 않아'라는 의미로 병을 세우며 재미 삼아 운을 점치기도 한다. 2019년에 리뉴얼된 '올드파 실버', '올드파 12년', '올드파 18년'을 비교 시음해보았다.

테이스팅

먼저 스트레이트로 마셔보았다. '실버'는 향이 가볍고 벌꿀과 바닐라의 감칠맛이 났다. 맛은 부드럽고 벌꿀의 단맛과 감귤의 시트러스함도 있었다. 알코올 자극도 적은 편이라 전체적으로 가벼운 맛이다. '12년'은 벌꿀 느낌이 더 강하고 마찬가지로 가벼운 보디, 바닐라나 건포도 같은 맛도 났다. 뒷맛으로 남은 스모키함이 특징. 너무 가볍긴 하지만 긍정적으로 보면 마시기 편하다. '18년'은 향이 강하고 약간 신 사과의 향미가 느껴졌다. '실버'와 '12년'보다 단맛과 감칠맛이 뚜렷해 숙성감을 느낄 수 있었다. **균형감도 아주 뛰어났다.**

온 더 록으로 마셔보았다. '실버'는 차가워지니 몰트 향이 강하게 났다. **단맛이 강조**되고 스파이시함도 느껴졌다. 스트레이트보다 진하다는 느낌이 들었다. '12년' 역시 차가워져도 단맛을 유지했다. '18년'은 사과 향미가 강조되고 벌꿀을 뿌린 듯한 맛이 났다. 모두 온 더 록으로 마시니 특정 풍미가 강조되지만 균형감은 좋았다.

하이볼로 마셔보았다. '실버'는 가볍고 부드러우며 피트가 뒷맛으로 은은하게 남아 음식과 잘 어울릴 듯했다. '12년'은 단맛이 더해지고 입안에서 벌꿀을 핥는 듯한 단맛이 뒷맛으로 남았다. '18년'은 신 사과 맛에 달콤한 벌꿀의 여운이 뒷맛으로 남았다.

1989년 주세법 개정 전의 일본에서는 비쌌지만 현재 '실버'는 편의점에서 미니어처 등을 구하기 쉬운 편이다.

스코틀랜드(스카치) 블렌디드위스키

화이트호스 2종 비교 시음

개요

화이트호스는 1890년 블렌더이자 창업가 피터 맥키가 팔기 시작했는데, 그는 스카치위스키를 세상에 알린 빅5 중 한 명이다. 다른 4명은 헤이그의 존 헤이그, 듀어스의 존 듀어, 조니워커의 존 워커, 뷰캐넌스('블랙 앤 화이트'의 회사)의 제임스 뷰캐넌이다. 1908년에는 영국 왕실 공식인증제품(Royal warrant)으로 선정되었다. 최초로 유리병을 도입한 브랜드 중에 하나로, 이를 통해 매출을 비약적으로 늘렸다.

테이스팅

논에이지인 '화이트호스 파인 올드'와 '화이트호스 12년'을 비교 시음해보았다. 일단 스트레이트로 마셔보았다. 첫 번째 향은 '파인 올드'가 좋았으나 시간이 지나면서 '12년'은 베리 같은 과일 향이 은은하게 풍겨왔다. '파인 올드'는 굉장히 가벼운 맛에 알코올감이 거의 없고 벌꿀의 달콤함이 은은하게 느껴졌다. 애주가라면 **꿀꺽꿀꺽 마실 만큼 균형이 좋았다.** '12년'은 베리 같은 단 과일 맛에 은은한 피트도 느껴졌다. 숙성감도 더 있고 부드러운 감촉이 뛰어난 맛이었다.

다음은 온 더 록으로 마셔보았다. '파인 올드'는 차가워져도 향이 좋고 다소 쓴맛도 있지만 과일 향미도 돋보였다. **'12년'은 벌꿀과 화려한 과일 향미가 돋보이고 은은한 달콤함이 뒷맛으로 남았다.**

마지막으로 하이볼을 마셔보았다. '파인 올드'는 하이볼로 만드니 바로 크리미해졌다. 가볍고 드라이하며 약간의 과일 향미와 희미한 피트함이 느껴졌다. 식사와도 잘 어울리는 맛이다. '12년'은 바로 과일 향미가 퍼지고 보디감이 탄탄했다. **식사 중에는 '파인 올드'가 어울리고 식사 후에는 '12년'이 어울릴 것 같다.**

화이트호스는 하이볼용으로 인기가 많지만 다르게 마셔보면 의외로 새로운 발견을 할 수 있다.

스코틀랜드(스카치) 블렌디드위스키
듀어스 5종 하이볼로 비교 시음

개요

듀어스는 역사가 깊은 브랜드로 40여 종의 원주를 혼합한 블렌디드 스카치위스키다. 하이볼 수요의 증가와 함께 일본에서는 스카치위스키 판매량 3위를 기록했다. 정규 라인업인 '화이트라벨', '12년', '15년', '18년', '25년' 5종을 하이볼로 비교 시음해보았다.

테이스팅

먼저 논에이지 타입의 '화이트라벨'을 마셔보았다. 배나 풋사과의 깔끔한 과일 향미와 신맛이 입 전체에 퍼지며 은은한 벌꿀 맛이 났다. 뒷맛으로 탄탄한 스모키함이 코로 느껴졌다. **식사를 방해하지 않는 상쾌한 맛**이다.

'12년'을 마셔보았다. 코르크로 고급스러움을 강조했다. 향은 견과류의 고소함, 마시면 벌꿀과 은은한 감귤 느낌이 나면서 크리미하고 부드러웠다. 뒷맛으로는 우디함과 아몬드의 고소함이 남았다.

'15년'을 마셔보았다. 비교적 신상품으로 7대 마스터 블렌더 스테파니 맥로드가 고안한 제조법으로 블렌딩하여 세계적인 품평회에서 금상을 수상한 적도 있다. 덧붙여 듀어스에서 **'15년' 이상은 700mL가 아니라 750mL다.** 조금 고소하고 상큼한 과일 향이 먼저 느껴지고 입안에서 서서히 바닐라의 감칠맛과 단맛도 더해졌다. 뒷맛은 단맛과 쌉쌀함이 길게 지속되어 하이볼로 만들어도 손색없었다.

'18년'을 마셔보았다. 존 듀어스 앤 선즈사가 소유한 **증류소 5곳의 원주를 키몰트로 사용하여 균형 있게 블렌딩**했다. 하이볼로 만드니 달콤한 향은 줄고 시큼한 과일 향이 느껴졌다. 맛은 견과류의 고소함과 바닐라 맛, 사과 풍미와 우디한 떫은맛이 뒷맛으로 남았다. 하이볼에서도 숙성감이 느껴졌다.

마지막으로 '25년'을 마셔보았다. 40종류 이상의 원주를 블렌딩한 후 로얄 브라클라의 캐스크로 후숙했다. 화려하고 플로럴한 향과 벌꿀 느낌, 크리미하고 잘 익은 과일 향미가 났다. **고급스럽고 진하며 풍부한 맛**을 하이볼에서도 느낄 수 있었다.

우선은 '화이트라벨'이나 '12년'부터 비교해서 마셔보기를 추천한다.

잭 다니엘의 라인업 소개

개요

잭 다니엘은 미국 테네시주에 있는 잭 다니엘 증류소에서 만드는 테네시 위스키다. 창업은 1886년. 창업자 제스퍼 뉴턴 다니엘은 어릴 때 위스키 제조법을 가르쳐준 목사 댄 콜의 증류소를 인수, 이후 미국 최초의 연방정부 공인 증류소가 되었다. 1904년 세인트루이스에서 개최된 만국박람회에 '올드 No.7(후의 블랙 라벨)'을 출품, 금상을 거머쥐면서 세계적으로 인정받았다. 어쩌면 세계에서 가장 유명할지도 모르는 **매시빌은 옥수수 80%, 호밀 12%, 보리 맥아 8%로, 높은 옥수수 비율이 특징.** 생산량은 2015년 기준으로 약 1억5000만 병이다. 아메리칸 위스키로는 세계 최고의 판매량을 자랑한다.

라인업

가장 대표적인 제품은 '올드 No.7'이다. No.7이라는 이름의 유래에는 여러 설이 있는데, '7번째 제조법', '7명의 연인 중 7번째가 가장 마음에 들었다' 등이 유명하다. 평생 독신이었던 창업자는 상당한 플레이보이였다고. 잭 다니엘 증류소의 마스터 디스틸러(증류소 총괄, 수석 증류업자)에 의하면 출하하는 **잭 다니엘의 50%는 콜라와 섞어 마신다고 한다.** 일명 '잭콕'은 아주 유명한 위스키 칵테일이다. 다음은 '젠틀맨 잭'이다. 1988년에 발매한 제품으로 차콜 멜로잉 과정을 두 번 반복해 '올드 No.7'보다 부드럽고 고급스러운 맛이 특징이다.

마지막으로는 '잭 다니엘 싱글 배럴 셀렉트'다. 1997년에 발매한 제품으로 '천사의 보금자리'로 불리는 숙성고 최상층에서 숙성한 캐스크를 선별해 병입. 숙성고 최상층은 온도가 높아 원주가 가장 빨리 증발하므로 그만큼 '천사의 몫'도 많고 숙성도 빠르다. 보통 매번 같은 맛을 만들려고 여러 캐스크를 블렌딩하지만 완성도가 높은 캐스크는 다른 캐스크와 혼합하지 않고 싱글 캐스크로 병입한다. **고급스러움과 특별함을 겸비한 제품으로 싱글 캐스크라 캐스크에 따라 다른 맛을 즐길 수 있다.**

크래프트 버번 '메이커스 마크'

개요

메이커스 마크 증류소는 현재 일본 산토리 소유. 처음에는 스코틀랜드에서 미국 켄터키주로 이주한 로버트 사무엘스가 농사를 지으면서 위스키를 제조했다. 이후 그의 손자이며 3대째인 테일러 윌리엄 사무엘스가 증류소를 설립해 본격적인 버번위스키를 제조했다. 1951년에 6대째인 빌 사무엘스 시니어가 증류소를 이전하면서 라임스톤 워터(석회암으로 여과된 물)가 솟아나는 호수의 물로 가능한 한

기계를 사용하지 않고 사람 손으로 만드는 크래프트 버번위스키를 만들기 시작, 1959년에 '메이커스 마크'를 발매했다. '메이커스 마크'는 호밀 대신 겨울 밀을 사용하며 매시빌은 옥수수 70%, 겨울 밀 16%, 보리 14%로 부드러우면서 독자적인 맛을 추구한다. **트레이드마크인 빨간색 봉랍**은 6대째의 아내인 마지 사무엘스가 고안했다. 이름과 로고도 마지의 작품이라고 한다. 라인업은 '메이커스 마크' 외에 숙성 후에 캐스크 안에 프렌치 오크를 넣어 후숙하는 '메이커스 마크 46' 등이 있다.

테이스팅

'메이커스 마크'와 '메이커스 마크 46'을 스트레이트로 비교 시음했다.

'메이커스 마크'는 바닐라 향이 강하고 메이플 시럽을 뿌린 듯한 달콤한 향이 났다. **부드럽고 순한 바닐라 맛**이 느껴졌으며 피니시에는 스파이시함도 있었다. '메이커스 마크 46'은 진한 달콤한 향과 나무 향, 은은한 감귤 향이 났다. 맛은 메이플 시럽이나 캐러멜 등 좀 더 풍부한 맛과 함께 은은한 스파이시함이 느껴졌다. 피니시로는 우디하고 떫은맛이 길게 이어져 숙성감을 느낄 수 있었다.

'메이커스 마크'는 쉽게 구할 수 있어 대량생산 위스키라는 이미지가 강하지만 수작업이 많은 크래프트 버번위스키다. '메이커스 마크'가 걸어온 역사를 알고 마시면 더욱 맛있게 즐길 수 있을 것이다. 다양한 용량으로 출시되고 있으니 꼭 경험해보기를 바란다.

대만 싱글 몰트위스키
대만의 카발란 소개

개요

카발란 증류소는 캔 커피와 생수 등을 판매하던 대만 음료업체 킹카 그룹이 2005년에 세운, 대만 최초의 위스키 증류소다. 세계적인 증류 컨설턴트 짐 스완 박사에게 컨설팅을 받았다. 카발란 위스키는 비교적 최근인 2008년에 출시되었지만 전 세계 유명 품평회에서 **600개 이상의 최고 금상 및 금상을 수상**한 이력을 자랑한다.

2008년 카발란의 완성도에 놀란 스코틀랜드의 위스키 평론가 찰스 매클린이 2010년 스코틀랜드 신문사 주최의 블라인드 테이스팅 행사에 몰래 출품했고 압승을 거뒀다. 다른 위스키들이 30점 만점에 10점대일 정도로 엄격한 심사에도 카발란은 27점이라는 높은 점수를 받은 것이다. 이 결과에 심사위원들도 놀랐고 이런 사실이 전 세계로 알려지면서 카발란이 본격적으로 알려졌다.

카발란 증류소가 위치한 곳은 아열대기후로 **스코틀랜드에 비해 숙성이 빠르다.** '천사의 몫'도 연간 **약 10%나 되는데 이는 스코틀랜드의 약 3배에 해당하는 양**이다.

라인업

카발란의 주요 라인업은 다음과 같다.

먼저 '카발란 클래식'이다. 2008년에 **처음 발매한 싱글 몰트위스키**로, 2010년 블라인드 테이스팅 행사에서 압승한 제품이다. 버번 캐스크, 셰리 캐스크, 새 오크 캐스크로 숙성한 원주로 구성되었으며 많이 마셔도 질리지 않는 맛이 특징이다. 카발란 블렌더팀은 "무인도에 하나만 가져가라면 이 제품을 가져가겠다"라고 말한 바 있다. 그 밖에 구하기 쉬운 '카발란 디스틸러리 셀렉트 No.1', 카발란을 대표하는 싱글 캐스크이자 캐스크 스트렝스인 솔리스트 시리즈 등 다양한 시리즈를 발매하고 있다.

이제 위스키 애호가들 사이에서 유명한 카발란의 실력이 과연 어떤지 꼭 시음해보기를 바란다.

인도 싱글 몰트위스키
세계가 주목하는 인도의 암룻

개요

1948년 라다크리슈나 자그델이 인도 남부 벵갈루루에 창업한 암룻 증류소는 1989년 증류주 컨설턴트 짐 스완과 헤리 리프킨을 초빙해 제조 공정을 개선하고 품질을 향상시키며 세계에 통용되는 위스키를 목표로 삼았다. 2004년 스코틀랜드에 싱글 몰트위스키 '암룻 인디언'을 선보였다. '암룻'은 산스크리트어로 '신들의 음료'라는 뜻. 벵갈루루는 열대 지역임에도 **여름철 기온이 37도 이하고 겨울에도 12도 아래로 떨어지지 않는다. 해발고도도 914m로 높다.** 열대 지역이 많은 인도는 숙성 속도가 스코틀랜드의 3배다. 증발량도 스코틀랜드가 연간 2~3%, 미국 켄터키주가 약 12%인데 비해 암룻 증류소는 10~16%다. **3년 숙성하면 실질적으로는 10년 숙성한 수준이다.** 인도는 세계 제일의 위스키 소비국으로, 세계 판매량을 봐도 인도 위스키들이 상위에 있다. 다만 일반적인 인도 위스키는 발효한 폐당밀로 증류한 중성 스피릿(Rectified spirit, 정류 알코올)에 소량(약 10%)의 몰트위스키만 혼합한 것이다. 그래서 **세계에 통용되는 인도의 싱글 몰트위스키는 혁신**이었다.

라인업

'암룻 퓨전'은 스코틀랜드산 피티드 몰트와 인도산 논피티드 몰트를 각각 4년간 숙성하여 피티드 25%, 논피티드 75%의 비율로 혼합했다. 서양과 동양의 몰트로 만든 위스키를 융합한다는 의미로 퓨전(Fusion)이라는 이름을 붙였다. 위스키 평론가 짐 머레이의 《위스키 바이블 2010》에서는 '**세계 3위의 위스키**'라고 극찬받으며 100점 만점에 97점을 획득했다. 암룻 증류소의 대표 제품이다.

이어서 '암룻 피티드 인디언'은 피티드 몰트를 사용하고 버번 캐스크에 숙성한 싱글 몰트위스키다. 드라이한 피트와 **스모키한 향**, 감귤 느낌이 입안 전체에 달콤하게 퍼지며 스파이시한 뒷맛의 여운이 인상적이다. 이 제품도 《위스키 바이블 2010》과 《위스키 바이블 2011》에서 금상을 획득했다.

초보자를 위한
비교 시음용 소용량 제품

개요

위스키 풀보틀은 700mL나 750mL가 일반적이다. 면세점 사양의 1L, 음식점용 대용량 제품은 있었으나 소용량 제품은 별로 없었다. 최근에는 50mL 미니어처 외에도 **350mL 하프보틀이나 180mL나 200mL 등 다양한 소용량 제품이 발매**되므로 비교 시음하기 좋다. 또 빈 소용량 병은 여러 용도로 활용하기 좋다. 풀보틀이 부담스럽다면 적은 용량부터 시도해보자.

라인업

일본에서는 산토리의 'Ao'나 '치타'의 350mL가 발매되며 '야마자키', '하쿠슈', '치타'의 180mL 보틀이 편의점에 입고된다. 스카치위스키는 '맥캘란 12년 트리플 캐스크'의 하프보틀, 디아지오 클래식 몰트 시리즈의 소용량 제품, '탈리스커 10년'의 200mL 등이 있다. 브룩라디 증류소의 '더 클래식 라디'도 200mL가 출시, 킬호만 증류소의 '킬호만 마키어베이'와 글렌파클라스 증류소의 '10년', '12년', '15년', '105'도 각각 200mL 제품이 있다. 글렌파클라스는 세트 구입도 가능하다. 블렌디드 스카치위스키도 화이트호스, '조니워커 레드라벨', '조니워커 블랙라벨 12년', '듀어스 화이트라벨' 등은 소용량을 쉽게 구할 수 있다. 아메리칸 위스키도 잭 다니엘, 짐빔, I.W. 하퍼, '와일드 터키 8년', '얼리 타임즈' 등의 소용량 보틀이 있다.

미각의 변화

다양한 위스키를 접하다 보면 입맛도 변해간다. 한 번씩 마셔보면 취향을 찾는 데 도움이 될 뿐만 아니라 싫었던 제품이 좋아지기도 한다. **마셔본 적이 없는 제품에 도전하는 것도 위스키를 즐기는 묘미 중 하나다.**